应用型人才培养系列教材

U0159849

GE PAC 可编程自动化控制器
应用技术

主　编　张晓萍　刘和剑　王　爽

副主编　邢青青　李东亚　卢亚平

　　　　范利辉　张　哲

主　审　窦金生

西安电子科技大学出版社

内 容 简 介

本书详细介绍了 GE PAC 智能系统的硬件、PAC 指令系统的基本工作原理以及 PAC 基本程序和综合应用，在此基础上，循序渐进地介绍了基于 GE PAC 智能平台的编程方法和应用实例。

本书共 7 章，第 1 章为可编程控制器概述，第 2 章为 GE 智能平台硬件系统，第 3 章为 GE 智能平台编程软件 PME，第 4 章为 PAC 指令系统，第 5 章为梯形图编程规则及 PAC 基本程序，第 6 章为 PAC 综合应用，第 7 章为 PAC 设备通信。

本书的编写遵循"可操作性强、实用性强"原则，由从事实践教学的教师和企业一线工程师联合编写。本书既可以作为应用型本科教育的教材，也可以作为相关人员的参考书。

图书在版编目(CIP)数据

GE PAC 可编程自动化控制器应用技术 / 张晓萍，刘和剑，王爽主编. —西安：西安电子科技大学出版社，2022.2(2022.4 重印)
ISBN 978-7-5606-6391-3

Ⅰ. ①G⋯　Ⅱ. ①张⋯ ②刘⋯ ③王⋯　Ⅲ. ①可编程序控制器　Ⅳ. ①TM571.61

中国版本图书馆 CIP 数据核字(2022)第 018296 号

策划编辑　陈 婷
责任编辑　武晓莉　陈 婷
出版发行　西安电子科技大学出版社(西安市太白南路 2 号)
电　　话　(029)88202421　88201467　　　　邮　　编　710071
网　　址　www.xduph.com　　　　　　　电子邮箱　xdupfxb001@163.com
经　　销　新华书店
印刷单位　咸阳华盛印务有限责任公司
版　　次　2022 年 2 月第 1 版　　2022 年 4 月第 2 次印刷
开　　本　787 毫米×1092 毫米　1/16　印 张　13.25
字　　数　310 千字
印　　数　501～2500 册
定　　价　32.00 元
ISBN 978 - 7 - 5606 - 6391 - 3 / TM

XDUP 6693001-2
如有印装问题可调换

前　　言

本书从培养综合应用型人才的角度出发，基于 GE 智能平台的自动化控制技术和理念，对基于 GE PAC 智能平台的编程方法和应用实例进行讲解，为高校相关专业开展教学与科研工作提供参考。

本书具有以下几个显著特点：

1. 内容全面，结构完整。

本书从可编程控制器基础讲起，引导读者快速入门，首先介绍了 GE PAC 的硬件系统和软件编程环境，然后理论与实例相结合，深入浅出地介绍了采用 PME 进行 GE PAC 程序设计的方法和技巧，最后以综合实例进行详细讲解，使理论与应用有机融合。

2. 理论扎实，实例丰富。

本书既有理论知识的阐述，又有应用实例的讲解，还引入了运料小车控制、轧钢机模拟控制等工程案例。本书经过作者精心提炼和编写，不仅能保证读者学会知识点，而且通过大量典型应用实例的演练，能够让知识点与实际应用融会贯通。

3. 涵盖面广，全面提升技能。

本书涵盖了可编程控制器基本概念、硬件平台、指令系统、基本程序、综合应用和设备通信等全方位的知识。从全面提升 PLC 控制系统软硬件设计能力角度出发，结合具体案例来讲解如何应用 PME 进行 GE PAC 控制系统设计，真正让读者掌握 PLC 控制系统设计方法，从而独立完成各种 PLC 控制工程设计，帮助读者掌握实际的操作技能。

本书由苏州大学应用技术学院张晓萍、刘和剑和王爽主编，苏州大学应用技术学院邢青青、李东亚、卢亚平、范利辉和张哲担任副主编。张晓萍负责全书统稿，并编写第 4 章和第 5 章，刘和剑编写第 1 章和第 2 章，王爽编写第 3 章，邢青青编写第 6 章，李东亚编写第 7 章，卢亚平编写附录。另外，华晟经世教育集团范利辉工程师编写了本书的部分实例程序并对程序进行了实践论证，启迪设计集团股份有限公司张哲高级工程师提供了本书的部分应用实例。本书由苏州大学应用技术学院窦金生教授主审。在此衷心感谢所有对本书出版给予帮助和支持的老师和朋友们。

由于编者水平有限，书中难免有疏漏之处，恳请读者批评指正。

编者邮箱地址：170335622@qq.com。

编　者

2021 年 10 月

目　　录

第1章　可编程控制器概述 1

1.1　PLC 的产生和定义 1

    1.1.1　PLC 的产生 1

    1.1.2　PLC 的定义 2

1.2　PLC 的分类及特点 2

    1.2.1　PLC 的分类 2

    1.2.2　PLC 的特点 4

1.3　PLC 的系统组成 5

    1.3.1　PLC 的硬件组成 5

    1.3.2　PLC 的主要性能指标 9

1.4　PLC 的编程环境 10

    1.4.1　PLC 的用户环境 10

    1.4.2　PLC 的编程语言 11

    1.4.3　PLC 的编程软件 13

    1.4.4　PLC 仿真软件 13

1.5　PLC 的工作原理 14

    1.5.1　PLC 的工作方式 14

    1.5.2　PLC 工作过程的中心内容 16

    1.5.3　PLC 的 I/O 响应时间 18

    1.5.4　PLC 的输入输出系统 18

1.6　PLC 的发展和应用领域 19

    1.6.1　PLC 的发展历程 19

    1.6.2　PLC 的发展趋势 20

    1.6.3　PLC 的应用领域 24

1.7　可编程自动化控制器(PAC) 25

    1.7.1　PAC 的产生 25

    1.7.2　PAC 的特征 25

    1.7.3　GE PAC Systems 26

本章小结 26

习题 27

第2章　GE 智能平台硬件系统 28

2.1　GE Fanuc 产品概况 28

    2.1.1　PAC Systems RX7i 29

    2.1.2　PAC Systems RX3i 30

    2.1.3　90-70 系列 PLC 31

    2.1.4　90-30 系列 PLC 33

    2.1.5　VersaMax PLC 35

    2.1.6　VersaMax Nano 和 Micro PLC 35

2.2　PAC Systems RX3i 硬件概述 37

    2.2.1　PAC Systems RX3i 背板 37

    2.2.2　电源模块 39

    2.2.3　CPU 模块 40

    2.2.4　以太网接口模块 41

2.3　PAC Systems RX3i 信号模块 42

    2.3.1　PAC Systems RX3i 数字量输入模块 42

    2.3.2　PAC Systems RX3i 数字量输出模块 44

    2.3.3　PAC Systems RX3i 模拟量输入模块 46

    2.3.4　PAC Systems RX3i 模拟量输出模块 49

2.4　PAC 特殊功能模块 51

    2.4.1　串行总线传输模块 51

    2.4.2　PAC 高速计数器模块 53

    2.4.3　PAC 运动控制模块 56

本章小结 57

习题 57

第3章　GE 智能平台编程软件 PME 58

3.1　PAC 编程软件概述 58

3.2　PAC 编程软件的安装 59

3.3　PAC 编程软件使用 62

3.4　PME 工程建立 69

3.5　PME 硬件组态 71

3.6 PME 程序编写 77
  3.6.1 创建用户自定义文件夹 77
  3.6.2 定义逻辑块执行方式 78
  3.6.3 梯形图编辑器(LD EDITOR) 79
3.7 PME 通信建立与程序下载 81
3.8 PME 程序备份、删除和恢复 86
3.9 PME 使用注意问题 87
本章小结 91
习题 91

第 4 章 PAC 指令系统 92
4.1 PAC 指令系统概述 92
4.2 PAC 内部资源 94
  4.2.1 PAC 存储区域 94
  4.2.2 PAC 系统参考变量 96
4.3 继电器功能指令 96
  4.3.1 继电器触点指令 96
  4.3.2 继电器线圈指令 98
  4.3.3 继电器指令使用说明 99
  4.3.4 继电器指令应用举例 100
4.4 定时器和计数器指令 104
  4.4.1 定时器指令 104
  4.4.2 计数器指令 107
4.5 数学运算功能指令 109
  4.5.1 四则运算指令 110
  4.5.2 平方根指令 111
  4.5.3 绝对值指令 112
  4.5.4 三角函数(只支持浮点数) 112
  4.5.5 对数与指数(只支持浮点数) 113
  4.5.6 角度、弧度的转换(只支持浮点数) 113
4.6 关系运算指令 114
4.7 位操作功能指令 115
4.8 数据操作指令 120
  4.8.1 数据移动指令 120
  4.8.2 数据转换指令 124
4.9 控制功能指令 125
本章小结 126

习题 127
第 5 章 梯形图编程规则及 PAC 基本程序 128
5.1 梯形图编程规则 128
  5.1.1 梯形图编程时应遵守的规则 128
  5.1.2 梯形图程序优化 129
5.2 经验设计法 131
5.3 自锁和互锁电路 132
  5.3.1 自锁电路 132
  5.3.2 互锁电路 133
5.4 起动、保持和停止电路 133
  5.4.1 复位优先型起保停电路 134
  5.4.2 置位优先型起保停电路 134
5.5 定时电路 135
  5.5.1 报警保护电路 135
  5.5.2 顺序控制电路 136
5.6 脉冲发生电路 137
  5.6.1 顺序脉冲发生电路 137
  5.6.2 脉冲宽度可控电路 139
  5.6.3 延时脉冲产生电路 139
5.7 计数器应用电路 140
  5.7.1 仓储管理程序 140
  5.7.2 秒脉冲和计数器组合的长时间
      定时电路 141
5.8 分频电路 142
5.9 优先电路 142
5.10 移位循环电路 143
  5.10.1 隔灯闪烁控制 143
  5.10.2 跑马灯控制 144
本章小结 145
习题 145
第 6 章 PAC 综合应用 147
6.1 运料小车控制 147
  6.1.1 任务要求 147
  6.1.2 任务实现 147
6.2 十字路口交通信号灯控制 148
  6.2.1 任务要求 148

6.2.2 任务实现 ……………………………… 149

6.3 三层电梯控制 …………………………… 150

  6.3.1 任务要求 ……………………………… 150

  6.3.2 任务实现 ……………………………… 151

6.4 液体混合控制 …………………………… 155

  6.4.1 任务要求 ……………………………… 155

  6.4.2 任务实现 ……………………………… 156

6.5 洗衣机模拟控制 ………………………… 157

  6.5.1 任务要求 ……………………………… 157

  6.5.2 任务实现 ……………………………… 158

6.6 轧钢机模拟控制 ………………………… 161

  6.6.1 任务要求 ……………………………… 161

  6.6.2 任务实现 ……………………………… 162

6.7 舞台灯光控制 …………………………… 163

  6.7.1 任务要求 ……………………………… 163

  6.7.2 任务实现 ……………………………… 164

习题 ……………………………………………… 165

第 7 章 PAC 设备通信 ……………………… 167

7.1 基于 Profibus 协议的设备通信 ………… 167

7.1.1 Profibus-DP 通信协议 ……………… 167

7.1.2 Profibus-DP 通信系统硬件组成 …… 168

7.1.3 Profibus-DP 通信系统软件配置 …… 173

7.1.4 Profibus-DP 通信系统逻辑

      程序设计 …………………………… 179

7.2 基于 Modbus 协议的设备通信 ………… 180

7.2.1 Modbus-RTU 通信协议 …………… 180

7.2.2 Modbus-RTU 通信系统硬件组成 …… 181

7.2.3 Modbus RTU 通信系统软件配置 …… 185

7.2.4 Modbus RTU 通信系统逻辑程序

      设计 ………………………………… 189

7.3 基于 ZigBee 的设备通信 ……………… 192

7.3.1 ZigBee 通信协议 …………………… 193

7.3.2 ZigBee 通信系统硬件组成 ………… 193

7.3.3 ZigBee 通信系统软件配置 ………… 196

附录 A 指令助记符 …………………………… 200

附录 B 键功能 ………………………………… 204

第 1 章

可编程控制器概述

可编程控制器(Programmable Controller)是为工业控制应用而设计制造的一种自动控制装置，属于计算机家族中的一种。早期的可编程控制器主要用来代替继电器实现逻辑控制，称作可编程逻辑控制器(Programmable Logic Controller，PLC)。随着技术的发展，PLC 的功能已经大大超出了逻辑控制的范围，因此，今天称作可编程控制器，简称 PC。但是为了避免与个人计算机(Personal Computer，PC)的简称混淆，所以很多时候仍将可编程控制器简称为 PLC。随着工业技术的发展，对可编程控制器提出了更高的性能要求，可编程自动化控制器(Programmable Automation Controller，PAC)应运而生。PAC 结合了可编程逻辑控制器和可编程控制器两者的优点，兼具可编程逻辑控制器的可靠性、坚固性和 PLC 的开放性、自定义电路的灵活性，是具有更高性能的工业控制器。

本章主要介绍可编程控制器的产生、分类、发展、特点、基本组成、工作原理和应用领域等内容，以及 PAC 概念的提出和 PAC 的特征。通过本章的学习，读者应掌握 PLC 和 PAC 的基本概念以及两者之间的联系和区别，为后续的学习打下基础。

1.1 PLC 的产生和定义

1.1.1 PLC 的产生

PLC 产生之前，继电器控制系统广泛应用于工业生产的各个领域。继电器控制系统通常是针对某一固定的动作顺序或生产工艺而设计的，其功能仅局限于逻辑控制、定时和计数等，一旦动作顺序或生产工艺发生变化，就必须重新设计、布线、装配和调试，造成时间和资金的严重浪费。另外，继电器控制系统还存在体积大、耗电多、可靠性差、寿命短、运行速度慢、适应性差等缺点。随着生产规模的逐步扩大，继电器控制系统越来越难以适应现代工业生产的要求。1968 年，美国最大的汽车制造商通用汽车公司(GM)为了适应汽车型号不断更新的需求，并能在竞争激烈的汽车工业中占据优势地位，提出要研制一种新型的工业控制装置来取代继电器控制装置。为此，拟定了 10 项公开招标的技术要求(GM10 条)：

(1) 编程简单，可在现场修改程序；

(2) 维护方便，采用插件式结构；

(3) 可靠性高于继电器控制装置；

(4) 体积小于继电器控制柜；

(5) 可将数据直接送入管理计算机；

(6) 在成本上可与继电器控制柜竞争；

(7) 输入可以是交流 115 V；

(8) 输出为交流 115 V、2A 以上，可直接驱动接触器、电磁阀等；

(9) 在扩展时只需对原系统做很小变更；

(10) 用户程序存储器容量至少能扩展到 4 KB。

根据这些要求，1969 年，美国数字设备公司(DEC)研制出了世界上第一台 PLC，并在美国通用汽车公司自动装配生产线上试用成功。这种新型的工控装置，以体积小、可靠性高、使用寿命长、简单易懂、操作维护方便等一系列优点，很快在美国许多行业得到推广和应用，同时也受到了世界上许多国家的高度重视。1971 年，日本从美国引进了这项新技术，并研制出了日本第一台 PLC。1973 年，西欧一些国家也研制出了自己的 PLC。我国从 20 世纪 70 年代中期开始研制 PLC，1977 年，采用美国 Motorola 公司的集成芯片成功研制出国内第一台有实用价值的 PLC。

1.1.2　PLC 的定义

1987 年，国际电工委员会(International Electrotechnical Commission，IEC)在可编程控制器国际标准草案中对可编程控制器做出如下定义：可编程控制器是一种数字运算操作的电子系统，专为在工业环境下应用而设计；它采用可编程序的存储器来存储逻辑运算、顺序控制、定时、计数和算术运算等操作指令，并通过数字式、模拟式的输入和输出，控制各种类型的机械或生产过程；可编程控制器及其有关的外围设备都应按易于与工业控制系统形成一个整体、易于扩充其功能的原则进行设计。

由 PLC 的定义可以看出，PLC 具有与计算机相类似的结构，也是一种工业通用计算机；PLC 区别于一般微机控制系统的一个重要特征就是 PLC 是为适应各种较为恶劣的工业环境而设计的，具有很强的抗干扰能力，并且 PLC 必须经过用户二次开发编程才能使用。

1.2　PLC 的分类及特点

1.2.1　PLC 的分类

PLC 是根据现代化大生产的需要而产生的，PLC 的分类也必然要符合现代化生产的需要。PLC 产品种类繁多，型号规格不统一，通常从三个角度粗略地进行分类。

1. 按 PLC 的控制规模分类

按控制规模划分，PLC 可以分为小型机、中型机和大型机三类。

1) 小型机

小型机的控制点数一般在 256 点以内，如日本欧姆龙公司生产的 CQM1、日本三菱公司生产的 FX2 和德国西门子公司生产的 S7-200。小型机由于控制点数少，控制功能有一定的局限性，但价格低廉，小巧、灵活，可以直接安装在电气控制柜内，适用于单机控制或小型系统的控制。

2) 中型机

中型机的控制点数一般为 256～2048 点，如日本欧姆龙公司生产的 C200H、日本富士公司生产的 HDC－100 和德国西门子公司生产的 S7-300。中型机由于控制点数较多，控制功能较强，有些 PLC 还具有较强的计算能力，不仅可以对设备进行直接控制，也可以对多个下一级的 PLC 进行监控，适用于中型或大型控制系统的控制。

3) 大型机

大型机的控制点数一般大于 2048 点，如日本欧姆龙公司生产的 C2000H、日本富士公司生产的 F200 和德国西门子公司生产的 S7-400。大型机控制点数多，控制功能很强，而且还具有很强的计算能力，同时运行速度很高，不仅能完成较复杂的算术运算，还能进行复杂的矩阵运算，不仅可以对设备进行直接控制，还可以对多个下一级的 PLC 进行监控，完成现代化工厂的全面管理和控制任务。

2. 按 PLC 的结构分类

按结构划分，PLC 可以分为整体式和模块式两大类。

1) 整体式

整体式结构的 PLC 将电源、CPU、存储器和 I/O 系统都集成在一个单元内，该单元叫作基本单元。一个基本单元就是一台完整的 PLC。控制点数不满足需要时，可继续扩展单元。扩展的单元不带 CPU，在安装时也不用基板，仅用电缆进行单元间的连接，由基本单元和若干扩展单元组成较大的系统。整体式结构的优点是紧凑、体积小、成本低、安装方便，缺点是各个单元输入与输出点数有确定的比例，使得 PLC 的配置缺少灵活性，有些 I/O 资源不能充分利用。早期的小型机多为整体式结构。

2) 模块式

模块式结构通常也称为组合式结构。模块式结构的 PLC 是 PLC 系统的各个组成部分按功能分成若干个模块，如 CPU 模块、输入模块、输出模块和电源模块等，各模块的功能比较单一，但模块的种类却日趋丰富。例如，有些 PLC 除了一些基本的 I/O 模块外，还有一些特殊功能模块，如温度检测模块、位置检测模块、PID 控制模块和通信模块等。模块式结构的 PLC 采用搭积木的方式，在一块基板插槽上插上所需模块组成控制系统(又叫作组合式结构)。有的 PLC 没有基板而是采用电缆把模块连接起来组成控制系统(又叫作叠装式结构)。模块式结构的 PLC 的特点是 CPU、输入和输出均为独立的模块，模块尺寸统一，安装整齐，I/O 点选型自由，安装调试、扩展和维修方便。中型机和大型机多为模块式结构。

3. 按 PLC 的功能分类

按功能划分，PLC 可以分为低档机、中档机和高档机三类。

1) 低档机

低档机具有基本的控制功能和一般的运算能力,工作速度比较慢,能带的输入/输出模块的数量比较少,种类也比较少,只适用于小规模的简单控制;在联网中一般适合作从站。如日本欧姆龙公司生产的 C60P 就属于低档机。

2) 中档机

中档机具有较强的控制功能和较强的运算能力,它不仅能完成一般的逻辑运算,也能完成比较复杂的三角函数运算、指数运算和 PID 运算;工作速度比较快,能带的输入/输出模块的数量和种类也比较多,不仅能完成小型系统的控制,还能完成较大规模的控制任务;在联网中可以作从站,也可以作主站。如德国西门子公司生产的 S7-300 就属于中档机。

3) 高档机

高档机具有强大的控制功能和强大的运算能力,不仅能完成逻辑运算、三角函数运算、指数运算和 PID 运算,还能进行复杂的矩阵运算;工作速度很快,能带的输入/输出模块的数量很多,种类也很全面,不仅能完成中等规模的控制工程,也可以完成大规模的控制任务;在联网中一般作主站。如德国西门子公司生产的 S7-400 就属于高档机。

1.2.2 PLC 的特点

PLC 具有优越的性能,主要特点包括以下几个方面。

1) 可靠性高、抗干扰能力强

传统的继电器控制系统会因器件的老化、脱焊,触点的抖动,电弧和接触不良等大大降低系统的可靠性,而且继电器控制系统的维修不仅会耗费时间和金钱,还会由于维修停产而带来不可估量的经济损失。在 PLC 控制系统中,大量的开关动作是由无触点的半导体电路完成的,而且在硬件和软件方面也采取了强有力的措施,使得产品具有极高的可靠性和抗干扰性。

在硬件方面,PLC 对所有的 I/O 接口电路都采用光电隔离措施,使得工业现场的外部电路与 PLC 内部电路被有效隔离,减少了故障和误操作;电源、CPU、编程器等都采取屏蔽措施,有效防止了外界干扰;供电系统及输入电路采用多种形式的滤波,消除或抑制了高频干扰,也削弱了各个部分之间的相互影响;采用模块式结构,当某一模块出现故障时,可以迅速更换,从而尽可能地缩短了系统的故障停机时间。

在软件方面,PLC 设置了监视定时器,如果程序每次循环的执行时间超过了设定值,则表明程序已经进入死循环,可以立即报警。PLC 具有良好的自诊断功能,一旦电源或其他软件、硬件发生异常情况,CPU 就会立即把当前状态保存起来,并禁止对程序的任何操作,以防止存储信息被冲掉,等故障排除后则会立即恢复到故障前的状态,继续执行程序。另外,PLC 还加强了对程序的检查和校验,当发现错误时会立即报警,并停止程序的执行。

2) 编程方法简单易学

大多数的 PLC 采用梯形图语言编程,其电路符号和表达方式与继电器电路原理图相似。梯形图语言编程只用少量的开关量逻辑控制指令就可以很方便地实现继电器电路的功能。另外，梯形图语言形象直观，编程方便，简单易学，熟悉继电器控制电路图的电器技术人员可以很快地熟悉梯形图语言，并进行程序编写。

3) 灵活性和通用性强

PLC 是利用程序来实现各种控制功能的。在 PLC 控制系统中，当控制功能改变时，只需修改控制程序即可，对外部接线一般只需做少许改动。一台 PLC 可以用于不同的控制系统，只需加载相应的程序即可。而继电器控制系统中，当工艺要求稍有改变时，控制电路就必须做相应的变动，耗时又费力。所以，PLC 的灵活性和通用性是继电器电路无法比拟的。

4) 丰富的 I/O 接口模块

PLC 针对不同的工业现场信号，如交流或直流、开关量或模拟量、电压或电流、脉冲或电位、强电或弱电等信号，都能选择到相应的 I/O 模块与之相匹配。对于工业现场的器件或设备，如按钮、行程开关、接近开关、传感器及变送器、电磁线圈、控制阀等设备，PLC 都有相应的 I/O 模块与之相连接。另外，为了提高 PLC 的操作性能，PLC 设计有多种人机对话的接口模块；为了组成工业局域网络，PLC 设计有多种通信联网的接口模块。

5) 采用模块化结构

为了适应各种工业控制的需求，除了单元式的小型 PLC 以外，绝大多数 PLC 都采用模块化结构。PLC 的各个部件，包括 CPU、电源、I/O 接口等均采用模块化结构，并由机架及电缆将各模块连接起来。PLC 系统的规模和功能可以根据用户的需要自行组合。

6) 控制系统的设计、调试周期短

由于 PLC 是通过程序实现对系统的控制的，所以设计人员既可以在实验室设计和修改程序，也可以在实验室进行系统的模拟运行和调试，大大减少了工作量。而继电器控制系统是靠调整控制电路的接线来改变其控制功能的，调试起来既费时又费力。

7) 体积小、能耗低，易于实现机电一体化

小型 PLC 的体积仅相当于几个继电器的大小，其内部电路主要采用半导体集成电路，具有结构紧凑、体积小、重量轻、功耗低的特点。PLC 还具有很强的抗干扰能力，能适应各种恶劣的环境。因此，PLC 是实现机电一体化的理想控制装置。

1.3　PLC 的系统组成

1.3.1　PLC 的硬件组成

PLC 实质是一种专用于工业控制的计算机，其硬件结构基本上与微型计算机相似，如图 1-1 所示。

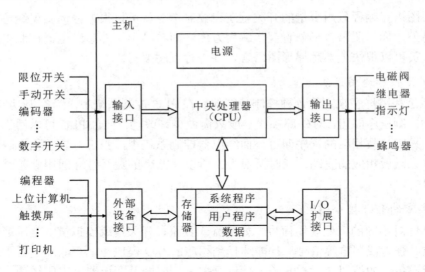

图 1-1　PLC 硬件结构

虽然 PLC 的结构多种多样，但其基本结构是相同的，即主要由中央处理器(CPU)、存储器、输入/输出接口、电源、I/O 扩展接口、外部设备接口等有机组合而成。根据结构的不同，PLC 可以分为整体式和模块式(也称组合式)两类。整体式 PLC 的所有部件都装在同一机壳内，结构紧凑、体积小。小型机常采用整体式结构，如德国西门子公司的 S7-200 系列 PLC。模块式 PLC 将组成 PLC 的多个单元分别制作成相应的模块，各模块在导轨上通过总线连接。大中型 PLC 常采用模块式结构，如西门子公司的 S7-300/400 系列 PLC。西门子公司整体式 PLC 如图 1-2 所示，模块式 PLC 如图 1-3 所示。

图 1-2　整体式 PLC

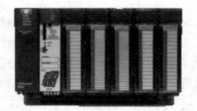

图 1-3　模块式 PLC

1. 中央处理器(CPU)

CPU 是 PLC 的核心部件，能使 PLC 按照预先编好的系统程序来实现各种控制，其作用主要有：

(1) 接收并存储用户程序和数据。

(2) 接收、调用现场输入设备的状态和数据。先保存现场输入的数据，再在需要时调用该数据。

(3) 诊断电源及 PLC 内部电路的工作状态和编程过程中的语法错误，发现错误立即报警。

(4) 当 PLC 进入运行(Run)状态时，CPU 会根据用户程序存放的先后顺序依次执行，完成程序中规定的操作。

(5) 根据程序运行的结果更新有关标志位的状态和输出映像寄存器的内容，再经输出部件实现输出控制或数据通信功能。

2. 存储器

PLC 的存储器用来存储数据和程序，可以分为系统程序存储器(ROM 或 EPROM)、用户程序存储器(RAM)和工作数据存储器(RAM/FLASH)。系统程序存储器用来存放系统软件，决定了 PLC 的功能。用户存储器用来存放应用软件，即 PLC 中常用 RAM 存储用户程序。工作数据存储器用来存储工作数据，工作数据是经常变化和存取的，所以工作数据存储器必须是可读写的。

1) PLC 常用的存储器类型

(1) ROM(Read Only Memory)。ROM 是只读存储器，用户不能更改其内容。

(2) RAM (Random Assess Memory)。RAM 是一种读/写存储器(随机存储器)，存取速度最快，由锂电池供电。

(3) EPROM (Erasable Programmable Read Only Memory)。EPROM 是一种可擦除的只读存储器，在断电情况下，存储器内的所有内容保持不变，但在紫外线连续照射下可擦除存储器内容。

(4) EEPROM (Electrical Erasable Programmable Read Only Memory)。EEPROM 是一种用电可擦除的只读存储器，使用编程器就能很容易地对所存储的内容进行修改。

2) PLC 存储空间的分配

虽然各种 PLC 的 CPU 的最大寻址空间各不相同，但是根据 PLC 的工作原理，其存储空间一般包括系统程序存储区、系统 RAM 存储区(包括 I/O 映像区和系统软设备等)、用户程序存储区。

(1) 系统程序存储区。系统程序存储区存放着相当于计算机操作系统的系统程序，包括监控程序、管理程序、命令解释程序、功能子程序和系统诊断子程序等，由制造厂商将其固化在 EPROM 中，用户不能直接存取。

(2) 系统 RAM 存储区。系统 RAM 存储区包括 I/O 映像区以及各类软设备，如逻辑线圈、数据寄存器、计时器、计数器、变址寄存器、累加器等。

① I/O 映像区。PLC 运行后，只在输入采样阶段才依次读入各输入状态和数据，在输出刷新阶段才将输出的状态和数据送至相应的外设。因此，它需要一定数量的存储单元(RAM)来存放 I/O 的状态和数据，这些单元称作 I/O 映象区。一个开关量 I/O 占用存储单元中的一个位(bit)，一个模拟量 I/O 占用存储单元中的一个子(16 bit)。因此，整个 I/O 映像区可看作由开关量 I/O 映像区和模拟量 I/O 映像区两个部分组成。

② 系统软设备存储区。除了 I/O 映像区外，系统 RAM 存储区还包括 PLC 内部各类软设备(逻辑线圈、计时器、计数器、数据寄存器和累加器等)的存储区。该存储区又分为具有失电保持功能的存储区域和无失电保持功能的存储区域，前者在 PLC 断电时，由内部的锂电池供电，数据不会遗失，后者当 PLC 断电时，数据被清零。

逻辑线圈与开关输出一样，每个逻辑线圈占用系统 RAM 存储区中的一个位，但不能直接驱动外设，只供用户在编程中使用，其作用类似于电气控制线路中的继电器。

另外，不同的 PLC 还提供数量不等的特殊逻辑线圈，这些特殊逻辑线圈具有不同的功能。

数据寄存器与模拟量 I/O 一样，每个数据寄存器占用系统 RAM 存储区中的一个字 (16bit)。另外 PLC 还提供数量不等的特殊数据寄存器，这些特殊数据寄存器具有不同的功能。

(3) 用户程序存储区。用户程序存储区存放用户编制的用户程序，不同类型的 PLC 其存储容量各不相同。

3. 输入/输出接口

输入/输出接口是 PLC 与外部设备互相联系的窗口。实际生产中信号电平是多样的，外部执行机构所需要的电平也是不同的，但是 CPU 所处理的信号只能是标准电平。因此需要通过输入/输出接口对信号电平进行转换。输入/输出接口实质上是 PLC 与被控对象之间传送信号的接口部件。输入接口接收现场设备向 PLC 提供的信号，如按钮、开关、继电器触点、拨码器等开关量信号。这些信号经过输入电路的滤波、光电隔离、电平转换等处理后变成 CPU 能够接收和处理的信号。输出接口将经过 CPU 处理的微弱电信号通过光电隔离、功率放大等处理后转换成外部设备所需要的强电信号，驱动各种执行元件，如接触器、电磁阀、调节器、调速装置等。

4. 电源

一般情况下，PLC 使用 220 V 的交流电源或 24 V 的直流电源。电源部件将外部输入的交流电经整流滤波处理后转换成供 PLC 的中央处理器、存储器等内部电路工作所需要的 5V、12 V、24 V 等不同电压等级的直流电源，以保证 PLC 能正常工作。许多 PLC 的直流电源采用直流开关稳压电源，不仅可以提供多路独立的电压以供内部电路使用，还可以向外部提供 24 V 的直流电源，给输入接口所连接的外部开关或传感器供电。

整体式 PLC 的电源部件一般封装在主机内部，模块式 PLC 的电源部件一般采用单独的电源模块。

5. I/O 扩展接口

PLC 的 I/O 接口是十分重要的资源，扩展 I/O 接口是提高 PLC 控制系统经济性能指标的重要手段。当 PLC 主控单元的 I/O 点数不能满足用户的需求时，可以通过扩展 I/O 接口，用扁平电缆将 I/O 扩展接口与 PLS 主控单元相连，以增加 I/O 点数。大部分的 PLC 都有扩展接口，主机可以通过扩展接口连接 I/O 扩展接口来增加 I/O 点数，也可以通过扩展接口连接各种特殊功能单元以扩展 PLC 的功能。

6. 外部设备接口

PLC 可以通过外部设备接口与各种外部设备相连接。例如连接终端设备 PT 进行程序的设计、调试和系统监控；连接打印机打印用户程序、PLC 运行过程中的状态、故障报警的种类和时间等；连接 EPROM 写入器，将调试好的用户程序写入 EPROM，以免被误改动等。有的 PLC 还可以通过外部设备接口与其他 PLC、上位机进行通信或加入各种网络。

7. 编程工具

编程工具是开发应用和检查维护 PLC 以及监控系统运行不可或缺的外部设备。利用编程工具可以将用户程序输入到 PLC 的存储器，还可以检查、修改、调试程序以及监视程序的运行。PLC 的编程工具有两种：一种是手持编程器，它由键盘、显示器和工作方式选择开关等组成，主要用于调试简单的程序、现场修改参数以及监视 PLC 自身的工作情况；另一种是上位计算机中的专业编程软件(如西门子 S7-300PLC 用的 STEP7 软件)，主要用于编写较大型的程序，并能够灵活地修改、下载、安装程序以及在线调试和监控程序。

8. 智能单元

智能单元是 PLC 中的一个模块，它与 CPU 通过系统总线连接，并在 CPU 的协调管理下独立工作。常用的智能单元包括高速计数器单元、A/D 单元、D/A 单元、位置控制单元、PID 控制单元和温度控制单元等。

1.3.2　PLC 的主要性能指标

PLC 的主要性能指标包括以下几个方面。

1. 扫描速度

扫描速度是指 PLC 执行程序的速度，是衡量 PLC 性能的重要指标之一。扫描速度一般以执行 1000 步指令所需的时间来衡量，单位为毫秒/千步，有时也以执行 1 步指令的时间计算，单位为微秒/步。扫描速度越快，PLC 的响应速度就越快，对系统的控制也就越及时、准确、可靠。

2. 存储容量

这里的存储容量是指用户程序存储器的容量。用户程序存储器容量越多，可存储的程序就越多，可以控制的系统规模也就越大。

3. 输入/输出点数

I/O 点数即 PLC 面板上的输入、输出接口的个数。I/O 点数越多，外部可接的输入器件和输出器件就越多，控制规模也就越大。

4. 指令的数量和功能

用户编写的程序所能完成的控制任务，取决于 PLC 指令的多少。编程指令的数量和功能越多，PLC 的处理能力和控制能力就越强。

5. 内部器件的种类和数量

内部器件包括各种继电器、计数器、定时器和数据存储器等。内部器件的种类和数量越多，存储各种信息的能力和控制能力就越强。

6. 可扩展性

在选择 PLC 时，需要考虑其可扩展性。可扩展性主要包括输入、输出点数的扩展，存储容量的扩展，联网功能的扩展和可扩展模块的多少。

1.4 PLC 的编程环境

PLC 的编程环境由 PLC 生产厂家设计，包含用户环境和能把用户环境与 PLC 系统连接起来的编程软件。只有熟悉了编程环境，了解了编程环境，才能适应编程环境，才能在编程环境中编写出 PLC 的用户程序。

1.4.1 PLC 的用户环境

用户环境包括用户数据的结构、用户数据存储区、用户参数和文件存储区等。

1. 用户数据的结构

用户数据分为位数据、字节数据、字数据和混合型数据四类结构。

位数据，是一逻辑量(1 位二进制数)，其值为 0 或 1，它表示触点的通或断。触点接通状态为 ON，触点断开状态为 OFF。例如，I0.0 的值表示在输入映像区中的 1 位二进制数的状态，Q0.0 的值则表示在输出映像区中的 1 位二进制数的状态。

字数据的数制、位长和形式都有很多。一个字可以表示 16 位二进制数、4 位十六进制数、4 位十进制数。十进制数通常都用 BCD 码表示，书写时有时在前面加上字符 K，例如 K789；十六进制数书写时会在前面加上字符 H，例如 H78F；二进制数书写时会在前面加上字符 B，例如 B0111_1000_1111。实际处理时，还可选用八进制和 ASCII 码的形式。例如 IW0 表示在输入映像区中的连续 16 位二进制数的状态，QW0 则表示在输出映像区中的连续 16 位二进制数的状态。由于对控制精度的要求越来越高，不少 PLC 开始采用浮点数，以便极大地提高数据运算的精度。

混合型数据，即同一个元件既有位数据又有字数据，例如 T(定时器)和 C(计数器)，它们的触点只有 ON 和 OFF 两种状态，是位数据，而它们的设定值和当前值寄存器又为字数据。

2. 用户数据存储区

用户使用的每个输入/输出端以及内部的每一个存储单元都称为元件。各种元件都有其固定的存储区(例如输入/输出映像区)，即存储地址。给 PLC 中的输入/输出元件赋予地址的过程叫作编址。不同的 PLC 输入/输出的编址方法不完全相同，如 CQMl 的输入端地址可以为 000，001……通道，输出端地址为 100，101……通道。

PLC 的内部资源，如内部继电器、定时器、计数器和数据区等，在不同的 PLC 之间也有一些差异。这些内部资源都按一定的数据结构存放在用户数据存储区。只有正确使用用户数据存储区的资源才能编好用户程序。

3. 用户程序结构

用户程序是 PLC 的使用者编制的针对具体工程的应用程序，线性地存储在 PLC 的存储区间内，其最大容量由具体的 PLC 限制。

用户程序按结构大致可以分为三种，一是线性程序，指把一个工程分成多个小的程序块，这些程序块被依次排放在一个主程序中；二是分块程序，指把一个工程中的各个程序块独立于主程序之外，工作时由主程序一个一个有序地调用；三是结构化程序，指把一个工程中的具有相同功能的程序写成通用功能程序块，工程中各个程序块都可以随时调用这些通用功能程序块。

1.4.2　PLC 的编程语言

可编程控制器通过程序来实现控制，PLC 程序由 PLC 编程语言或某种 PLC 指令的助记符编制而成。编写程序时所用的语言就是 PLC 的编程语言。PLC 的编程语言有多种，如图 1-4 所示。各个元件的助记符随 PLC 型号的不同而略有不同。国际电工委员会 (IEC)1994 年 5 月公布的 IEC1131-3 标准(PLC 的编程语言标准是至今唯一的工业控制系统的编程语言标准)中详细地说明了句法、语义和下述五种编程语言(见图 1-5)：指令表 (Instruction List，IL)、梯形图(Ladder Diagram, LD)、功能块图(Function　Block　Diagram，FBD)、结构文本(Structured Text，ST)、顺序功能图(Sequential Function Chart，SFC)。其中，顺序功能图(SFC)、梯形图(LD)和功能块图(FBD)是图形编程语言，指令表(IL)和结构文本(ST)是文字编程语言。

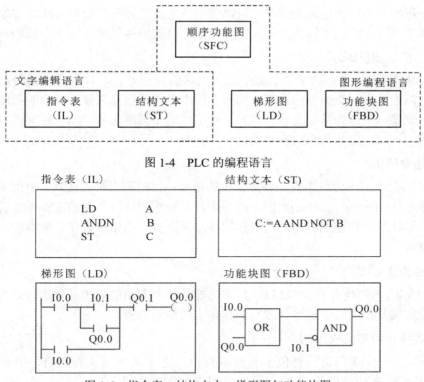

图 1-4　PLC 的编程语言

图 1-5　指令表、结构文本、梯形图与功能块图

目前已有越来越多的生产 PLC 的厂家提供符合 IEC 61131-3 标准的产品，有的厂家推出的在个人计算机上运行的"软 PLC"软件包也是按 IEC 61131-3 标准设计的。

1. 梯形图(LD)

梯形图(LD)是最常用的 PLC 编程语言。梯形图与继电器的电路图很相似，是从继电器控制系统原理图演变而来的，是一种类似于继电器控制线路图的语言。其画法是从左母线开始，经过触点和线圈，终止于右母线，具有直观、易学、易懂的优点，很容易被熟悉继电器控制的工厂电气技术人员所掌握。PLC 的梯形图具有以下几个特点：

(1) 梯形图是一种图形编程语言，沿用继电器控制中的触点、线圈、串并联等专业术语和图形符号。

触点代表逻辑输入条件，例如外部的开关、按钮和内部条件等。线圈通常代表逻辑输出结果，用来控制外部的指示灯、交流接触器和内部的输出标志位等。

(2) 梯形图中的触点有常开触点和常闭触点两种。触点可以是 PLC 输入点接的开关，也可以是内部继电器的触点或内部寄存器、计数器的状态。

(3) 触点可以串联或并联，但线圈只能并联，不能串联。

(4) 触点和线圈等组成的独立电路称为网络(Network)或程序段。

(5) 在程序段号的右边可以加上程序段的标题，在程序段号的下边可以加上注释。

(6) 内部继电器、计数器、寄存器都不能直接控制外部负载，只能作为中间结果供 CPU 内部使用。

在分析梯形图中的逻辑关系时，可以借用继电器电路图的分析方法，想象左右两侧垂直母线之间有一个左正右负的直流电源电压，有的编程手册省略了右侧的垂直母线。

2. 功能块图(FBD)

功能块图(FBD)是一种类似于数字逻辑电路的编程语言，有数字电路基础的很容易掌握。该编程语言用类似与门、或门的方框来表示逻辑运算关系，方框的左侧为逻辑运算的输入变量，右侧为输出变量，输入、输出端的小圆圈表示"非"运算，方框被"导线"连接在一起，信号自左向右流动。

3. 指令表(IL)

PLC 的指令是一种与微机汇编语言中的指令相似的助记符表达式，由指令组成的程序叫作指令表(Instruction list)程序。指令表程序较难阅读，其中的逻辑关系很难一眼看出，因此设计开关量控制程序时一般使用梯形图语言。在用户程序存储器中，指令按步序号顺序排列。

4. 结构文本(ST)

结构文本(ST)是为 IEC 61131-3 标准创建的一种专用的高级编程语言。与梯形图相比，它能实现复杂的数学运算，编写的程序非常简洁和紧凑。

5. 顺序功能图(SFC)

顺序功能图(SFC)是一种位于其他编程语言之上的图形编程语言，用来编制顺序控制程序。顺序功能图提供了一种组织程序的图形方法，步、转换和动作是顺序功能图中三种主要的元件(见图 1-6)，用来描述开关量控制系统的功能。FX 系列的编程软件有顺序功能图编程语言，对于没有顺序功能图编程语言的 PLC，可以用顺序功能图来描述开关量控制系统的功能，根据它可以很容易地设计出顺序控制梯形图程序。

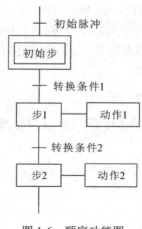

图 1-6　顺序功能图

1.4.3　PLC 的编程软件

编程器是 PLC 重要的编程设备，不仅可以用来编写程序，还可以用来输入数据，以及检查和监控 PLC 的运行。一般情况下，编程器只在 PLC 编程和检查时使用，在 PLC 正式运行后往往将编程器卸载。

随着计算机技术的发展，PLC 生产厂家越来越倾向于设计一些能满足某些 PLC 的编程、监控和设计要求的编程软件。这类编程软件可以在专用的编程器上运行，也可以在普通的个人计算机上运行。在个人计算机上运行时，可以利用计算机的屏幕大、输入/输出信息量多的优势，使 PLC 的编程环境更加完美。在很多情况下，装有编程软件的计算机在 PLC 正式运行后还可以挂在系统上，作为 PLC 的监控设备使用，例如：

(1) 欧姆龙公司设计的 CX-P 编程软件可以为 OMRON C 系列 PLC 提供很好的编程环境。

(2) 松下电工设计的 FPWin-GR 编程软件可以为 FP 系列 PLC 提供很好的编程环境和仿真。

(3) 西门子公司设计的 STEP 7 Micro/WIN 32 编程软件可以为 S7 – 200 系列 PLC 提供编程环境。

(4) 西门子公司设计的 SIMATIC Manager 编程软件可以为 S7 – 300/400 系列 PLC 提供编程环境。

需要注意，在使用前一定要把编程软件装入满足条件的计算机中，同时要用专用的通信电缆把计算机和 PLC 连接，在确认通信无误的情况下才能运行编程软件。

在编程环境中，可以打开编程窗口、监控程序运行窗口、保存程序窗口和设定系统数据窗口，进行相应的操作。

1.4.4　PLC 仿真软件

随着计算机技术的发展，PLC 的编程环境越来越完善。很多 PLC 生产厂家不仅设计了方便的编程软件，而且还设计了相应的仿真软件。利用仿真软件可以在没有具体的 PLC

的情况下直接运行和修改 PLC 程序，使 PLC 的学习、设计和调试更方便、快捷。西门子公司设计的 S7-PLC SIM 仿真软件就是专门为 S7 – 300/400 PLC 设计的，S7 – 200 SIM 是专门为 S7 – 200 PLC 设计的仿真软件，利用这些仿真软件可以直接运行 S7 – 200 和 S7 – 300/400 的 PLC 程序。

1.5　PLC 的工作原理

1.5.1　PLC 的工作方式

1. 与继电器控制系统的比较

继电器控制系统是一种"硬件逻辑系统"，如图 1-7(a)所示，3 条支路并行工作，当按下按钮 SF1 时，中间继电器 KM 得电，KM 的两个触点闭合，接触器 QA1、QA2 同时得电并产生动作。

PLC 是一种工业控制计算机，通过执行反映控制要求的用户程序来实现控制功能，如图 1-7(b)所示。CPU 以分时操作的方式处理各项任务，计算机在每个瞬间只能处理一件事，所以程序的执行是按程序顺序依次完成相应的各电器动作，属串行工作方式。

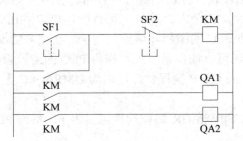

(a) 继电器控制系统简图

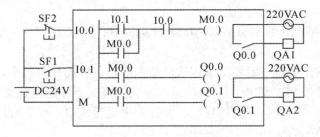

(b) PLC 控制系统简图

图 1-7　PLC 控制系统与继电器控制系统比较

2. PLC 的工作方式

PLC 工作的整个过程可用图 1-8 来表示，主要由 3 个部分组成。

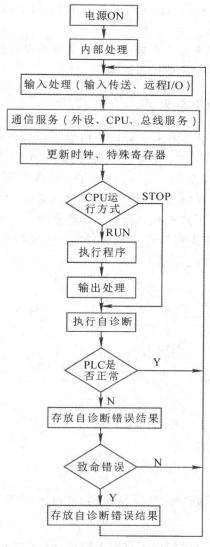

图 1-8 PLC 工作过程

(1) 上电处理。机器上电后对 PLC 系统进行一次初始化，包括硬件初始化、I/O 模块配置检查、停电保持范围设定、系统通信参数配置及其他初始化处理。

(2) 扫描过程。先完成输入处理，其次完成与其他外设的通信处理，再次进行时钟、特殊寄存器更新。当 CPU 处于 STOP 方式时，转入执行自诊断检查。当 CPU 处于 RUN 状态时，完成用户程序的执行和输出处理，再执行自诊断检查。

(3) 出错处理。PLC 每扫描一次就执行一次自诊断检查，确定 PLC 自身的动作是否正常，如 CPU、电池电压、程序存储器、I/O 和通信等是否异常或出错。如检查出异常，CPU 面板上的 LED 及异常继电器会接通，在特殊寄存器中会存入出错代码；当出现致命错误时，CPU 被强制为 STOP 状态，所有扫描停止。

PLC 运行正常时，扫描周期的长短与 CPU 的运算速度、I/O 点的情况、用户应用程序的长短及编程情况等有关。不同指令的执行时间也不同，从零点几微秒到上百微秒不等，因而选用不同指令所产生的扫描时间也会不同。若用于高速系统要缩短扫描周期时，可从软、硬件两方面考虑。

概括而言，PLC 按照集中输入、集中输出、周期性循环扫描的方式进行工作，每扫描一次所用的时间称为扫描周期或工作时间。

1.5.2　PLC 工作过程的中心内容

PLC 按照图 1-8 所示的框图运行工作，当 PLC 上电后处于正常运行状态时，PLC 的工作过程将不断地循环往复下去。其中，扫描过程是 PLC 工作过程的中心内容，如图 1-9 所示。分析扫描过程可以发现，若对远程 I/O、特殊模块、更新时钟和通信服务、自诊断等分支环节暂不考虑，扫描过程就只剩下"输入采样""程序执行"和"输出刷新"3 个阶段，这 3 个阶段就是 PLC 扫描过程或工作过程的中心内容，同时也是 PLC 工作原理的实质所在。因此，透彻理解 PLC 扫描过程的三阶段是学好 PLC 的基础。下面主要对这 3 个阶段进行详细分析。

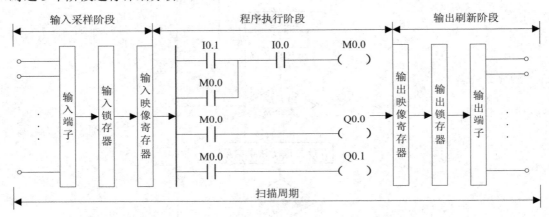

图 1-9　PLC 循环扫描工作过程示意图

1. 输入采样阶段

PLC 在输入采样阶段首先扫描所有输入端子，并将各输入状态存入相对应的输入映像寄存器中，此时输入映像寄存器被刷新；然后系统进入程序执行阶段，在此阶段和输出刷新阶段，输入映像寄存器与外部隔离，无论输入信号如何变化，其内容均保持不变，直到下个扫描周期的输入采样阶段才会重新写入新内容。因此，一般而言，输入信号的宽度要大于一个扫描周期，或者说输入信号的频率不能太高，否则可能造成信号的丢失。

2. 程序执行阶段

进入程序执行阶段后，一般来说(还有子程序和中断程序的情况)，PLC 按从左到右、从上到下的顺序执行程序。当指令中涉及输入输出状态时，PLC 就从输入映像寄存器中"读入"相应的输入端子状态，从元件映像寄存器"读入"对应元件("软继电器")的当前状态，然后进行相应的运算，最新的运算结果立即存入相应的元件映像寄存器中。对元件映像寄存器来说，每一个元件的状态会随着程序执行过程而刷新。

3. 输出刷新阶段

在用户程序执行完后，元件映像寄存器中所有输出继电器的状态(接通/断开)在输出刷新阶段一起转存到输出锁存器中，通过一定方式集中输出，最后通过输出端子驱动外部负载。在下一个输出刷新阶段开始之前，输出锁存器的状态不会改变，相应的输出端子的状态也不会改变。

由 PLC 的工作过程可以看出，在输入刷新期间，如果输入变量的状态发生变化，则在本次扫描过程中，改变的状态会被扫描到输入映像寄存器中，而在 PLC 的输出端也会发生相应的变化。如果变量的状态变化不是发生在输入刷新阶段，则在本次扫描期间，PLC 的输出保持不变，等到下一次扫描后输出才会发生变化。即只有在输入刷新阶段，输入信号才被采集到输入映像寄存器中，其他时刻输入信号的变化不会影响输入映像寄存器中的内容。

比较图 1-10 中两段程序的异同。

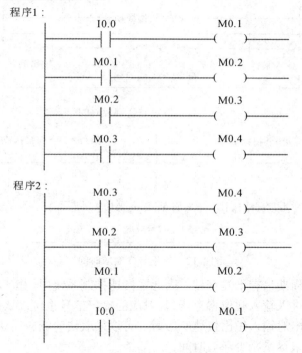

图 1-10　程序比较示例

这两段程序的运行结果完全一样，但在 PLC 中的执行过程不一样。

程序 1 只需一个扫描周期，就可完成对 M0.4 的刷新。

程序 2 在第一个扫描周期只能完成对 M0.1 的刷新，需要四个扫描周期，才能完成对 M0.4 的刷新。

这两个例子说明，同样的若干条梯形图，其排列次序不同，执行的结果也不同。另外也可以看到，采用扫描用户程序方式得到的运行结果与继电器控制装置的硬逻辑并行运行方式得到的结果有所区别。但是，如果扫描周期所占用的时间对整个运行来说可以忽略，那么二者之间就没有什么区别了。

1.5.3　PLC 的 I/O 响应时间

为了增强 PLC 的抗干扰能力，提高其可靠性，PLC 的每个开关量输入端都采用光电隔离等技术。为了实现继电器控制线路的硬逻辑并行控制，PLC 采用了不同于一般微型计算机的运行方式(扫描技术)。由于 PLC 采用循环扫描的工作方式，并且对输入、输出信号只在每个扫描周期的 I/O 刷新阶段进行集中输入和集中输出，必然会产生输出信号相对输入信号的滞后现象，扫描周期越长，滞后现象就越严重。因此，PLC 的 I/O 响应比一般微型计算机构成的工业控制系统慢得多，其响应时间至少为一个扫描周期，一般情况下均大于一个扫描周期甚至更长。I/O 响应时间指从 PLC 的某一输入信号变化开始到系统有关输出端信号的改变所需的时间。最短的 I/O 响应时间与最长的 I/O 响应时间分别如图 1-11 和图 1-12 所示。

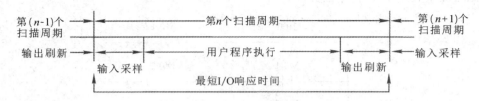

图 1-11　最短 I/O 响应时间

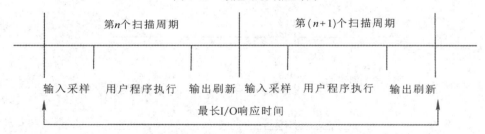

图 1-12　最长 I/O 响应时间

但是一般扫描周期只有十几毫秒，因此在慢速控制系统中，可以认为输入信号一旦发生变化就能立即进入输入映像寄存器，其对应的输出信号也可以认为会及时发生变化。当某些设备需要输出对输入做出快速响应时，可以采取快速响应模块、高速计数模块以及中断处理等措施来尽量减少滞后时间。

1.5.4　PLC 的输入输出系统

如前所述，PLC 的硬件结构主要分为整体式和模块式两种。

不论采取哪一种硬件结构，都必须确立用于连接工业现场的各个输入/输出点与 PLC 的 I/O 映像区之间的对应关系。给每一个输入/输出点明确的地址以确立这种对应关系的方式称为 I/O 寻址方式。

I/O 寻址方式有以下三种：

(1) 固定的 I/O 寻址方式。

固定的 I/O 寻址方式由 PLC 制造厂家在设计、生产 PLC 时确定，它的每一个输入/输出点都有一个明确的、固定不变的地址。一般来说，整体式的 PLC 采用这种 I/O 寻址方式。

(2) 开关设定的 I/O 寻址方式。

开关设定的 I/O 寻址方式由用户根据对机架和模块上的开关位置的设定来确定。

(3) 用软件设定的 I/O 寻址方式。

用软件设定的 I/O 寻址方式由用户通过软件编制 I/O 地址分配表来确定。

根据上述工作特点，归纳出 PLC 在输入/输出处理方面必须遵循以下原则：

(1) 输入映像寄存器的数据取决于各输入点在上一采样阶段的接通和断开状态。

(2) 程序执行结果取决于用户程序和输入/输出映像寄存器的内容及其他各元件映像寄存器的内容。

(3) 输出映像寄存器的数据取决于输出指令的计算结果。

(4) 输出锁存器中的数据由上一次输出刷新期间输出映像寄存器中的数据决定。

(5) 输出端子的接通和断开状态由输出锁存器决定。

1.6　PLC 的发展和应用领域

1.6.1　PLC 的发展历程

第一台 PLC 诞生后不久，Dick Morley(被誉为 PLC 之父)的 MODICON 公司推出了084 控制器。这种控制器的核心思想就是采用软件编程方法替代继电器控制系统的硬接线方式，并有大量的输入传感器和输出执行器接口，可以方便地在工业生产现场直接使用。这种能够取代继电器控制柜的设备就是 Dick Morley 等提议开发的 Modular Digital Controller(MODICON)。随后，1971 年日本推出了 DSC-80 控制器，1973 年西欧国家的各种 PLC 也研制成功。虽然这些 PLC 的功能还不够强大，但它们开启了工业自动化应用技术新时代的大门。PLC 诞生不久，立即显示出了其在工业控制中的重要性，因而在许多领域得到了广泛应用。

PLC 技术随着计算机和微电子技术的发展而迅速发展，由最初的 1 位机发展为 8 位机。随着微处理器(CPU)和微型计算机技术在 PLC 中的应用，形成了现代意义上的 PLC。进入 20 世纪 80 年代以来，由于大规模和超大规模集成电路等微电子技术的迅猛发展，以 16 位和 32 位微处理器构成的微机化 PLC 得到了惊人的发展，PLC 不仅在概念、设计、性价比等方面均有新的突破，控制功能增加，可靠性提高，编程和故障检测更为灵活方便，而且功耗降低，体积减小，成本下降，另外在远程 I/O 和通信网络、数据处理及人机界面(HMI)方面也有了长足的发展。现在 PLC 不仅能应用于制造业自动化，而且能应用于连续生产的过程控制系统。所有这些已经使 PLC 成为自动化技术领域的三大支柱之一，即便在现场总线技术成为自动化技术应用热点的今天，PLC 仍然是现场总线控制系统中的主体设备。

PLC 的发展历程可以总结为以下 5 个阶段。

1. 初级阶段：从第一台 PLC 问世到 20 世纪 70 年代中期

这个时期的 PLC 功能简单，主要完成一般的继电器控制系统功能，即顺序逻辑、定时和计数等，编程语言为梯形图。

2. 崛起阶段：从 20 世纪 70 年代中期到 80 年代初期

由于 PLC 在取代继电器控制系统方面的卓越表现，自从它在电气控制领域开始普及应用后便得到了飞速的发展。在这个阶段，PLC 在控制功能方面增强了很多，如数据处理、模拟量的控制等。

3. 成熟阶段：从 20 世纪 80 年代初期到 90 年代初期

在这之前 PLC 主要是单机应用和小规模、小系统的应用，随着对工业自动化技术水平、控制性能和控制范围要求的提高，在大型控制系统(如冶炼、饮料、造纸、烟草、纺织、污水处理等)中，PLC 展示出其强大的生命力。对在大规模、多控制器的应用中，要求 PLC 控制系统必须具备通信和联网功能，因而在大型 PLC 中一般都扩展了遵守一定协议的通信接口。

4. 飞速发展阶段：从 20 世纪 90 年代初期到 90 年代中期

由于对模拟量处理功能和网络通信功能要求的提高，PLC 控制系统在过程控制领域也开始大面积使用。随着芯片技术、计算机技术、通信技术和控制技术的发展，PLC 的功能得到了进一步提高。在这一阶段，PLC 无论从体积、人机界面功能、端子接线技术上，还是从内在的性能(速度、存储容量等)、实现的功能(运动控制、通信网络和多机处理等)方面都远非过去的 PLC 可比。20 世纪 90 年代以后，是 PLC 发展最快的时期，年增长率一直都保持在 30%～40%。

5. 开放性和标准化阶段：20 世纪 90 年代中期以后

关于 PLC 开放性的工作其实在 20 世纪 80 年代就已经展开了，但由于受到各大公司的利益阻挠和技术标准化难度的影响，这项工作开展得并不顺利。因此，PLC 诞生后的近 30 年时间内，各类 PLC 在通信标准、编程语言等方面都存在不兼容的问题，这给工业自动化中实现互换性、互操作性和标准化都带来了极大的不便。随着 PLC 国际标准 IEC 61131 的逐步完善和实施，特别是 IEC 61131-3 标准编程语言的推广，PLC 真正走入了一个开放性和标准化的时代。

目前，世界上有 200 多个厂家生产 300 多种 PLC 产品，比较著名的厂家有美国的 AB(被 ROCKWELL 收购)、GE、MODICON(被 SCHNEIDER 收购)，日本的 MITSUBISHI、OMRON、FUJI、松下电工，德国的 SIEMENS 和法国的 SCHNEIDER 公司等。随着新一代开放式 PLC 走向市场，国内的生产厂家，如和利时、浙大中控等生产的基于 IEC 61131-3 编程语言的 PLC 可能会在未来的市场中占有一席之地。

1.6.2　PLC 的发展趋势

PLC 总的发展趋势是向高集成性、小体积、大容量、高速度、易使用、高性能、信息化、软 PLC、标准化、与现场总线技术紧密结合等方向发展。

1. 向小型化、专用化、低成本方向发展

随着微电子技术的发展，新型器件性能大幅度提高，使得 PLC 结构更为紧凑，操作使用十分简便，价格却大幅度降低。从体积上讲，有些专用的微型 PLC 仅有一块香皂大小。PLC 的功能不断增加，将原来大、中型 PLC 才有的功能部分地移植到小型 PLC 上，如模拟量处理、复杂的功能指令和网络通信等。PLC 的价格在不断下降，真正成为现代电气控制系统中不可替代的控制装置。据统计，小型和微型 PLC 的市场份额一直保持在70%～80%，所以对 PLC 小型化的追求不会停止。

2. 向大容量、高速度、信息化方向发展

现在大中型 PLC 采用多微处理器系统，有的采用 32 位微处理器，并集成了通信联网功能，可同时进行多任务操作，不仅运算速度、数据交换速度及外设相应速度都有大幅度提高，而且存储容量也大大增加，特别是增强了过程控制和数据处理的功能。为了适应工厂控制系统和企业信息管理系统日益有机结合的要求，信息技术也渗透到了 PLC 中，如设置开放的网络环境、支持 OPC(OLE for Process Control)技术等。

3. 智能化模块的发展

为了实现某些特殊的控制功能，PLC 制造商开发出了许多智能化的 I/O 模块。这些模块自身带有 CPU，使得占用主 CPU 的时间很少，减少了对 PLC 扫描速度的影响，提高了整个 PLC 控制系统的性能。另外，智能化的 I/O 模块自身具有很强的信息处理能力和强大的控制功能，可以实现 PLC 的主 CPU 难以兼顾的功能。这些智能化模块由于在硬件和软件方面都采取了可靠性和便利化的措施，所以简化了某些控制系统的系统设计和编程。典型的智能化模块主要有高速计数模块、定位控制模块、温度控制模块、闭环控制模块、以太网通信模块和各种现场总线协议通信模块等。

4. 人机界面(接口)的发展

人机界面(Human-Machine Interface，HMI)在工业自动化系统中起着越来越重要的作用。PLC 控制系统在 HMI 方面的进展主要体现在以下几个方面：

(1) 编程工具的发展。过去大部分中小型 PLC 仅提供手持式编程器，编程人员通过编程器进行 PLC 编程。首先把编辑好的梯形图程序转换成语句程序，然后使用编程器一个字符、一个字符地输入 PLC 内部。另外，调试时也只能通过编程器观察很少的信息。现在编程器早已被淘汰，基于 Windows 的编程软件不仅可以设置 PLC 控制系统的硬件组态，即设置设备硬件的结构、类型、各通信接口的参数等，而且可以在屏幕上直接生成和编辑梯形图、语句表、功能块图和顺序功能图程序，可以实现不同编程语言之间的自动转换。程序被编译后可下载到 PLC，也可将用户程序上传到计算机。另一方面，编程软件的调试和监控功能也远远超过手持式编程器，可以通过编程软件中的监视功能实时观察 PLC 内部各存储单元的状态和数据，为诊断分析 PLC 程序和工作过程中出现的问题带来了极大的方便。

(2) 功能强大、价格低廉的 HMI。过去在 PLC 控制系统中进行参数设定和显示时非常烦琐，对输入设定参数要使用大量的拨码开关组，对输出显示参数要使用数码管，不仅占据了大量的 I/O 资源，而且功能少、接线烦琐。现在各式各样单色、彩色的显示设

定单元、触摸屏、覆膜键盘等应有尽有,不仅能完成大量数据的设定和显示,更能直观地显示动态图形画面,而且还能实现数据处理功能。

(3) 基于 PC 的组态软件。在大中型 PLC 控制系统中,仅靠简单的显示设定单元已不能解决人机界面的问题,基于 Windows 的 PC 就成为最佳的选择。配合适当的通信接口或适配器,PC 就可以与 PLC 进行信息互换,再配合功能强大的组态软件,就能完成复杂而大量的画面显示、数据处理、报警处理、设备管理等任务。这些组态软件,国外品牌有 WinCC、iFIX、Intouch、TIA Portal 等,国产知名公司有亚控、力控等。由于组态软件的价格很低,在环境较好的应用市场使用 PC 加组态软件来取代触摸屏的方案或为一种不错的选择。

5. 在过程控制领域的使用以及 PLC 的冗余特性

虽然 PLC 的强项是在制造领域,但随着通信技术、软件技术和模拟量控制技术的发展并不断地融合到 PLC 中,PLC 已被广泛地应用于过程控制领域。在过程控制系统中使用 PLC,必然要求具有更高的可靠性。现在世界顶尖的自动化设备供应商提供的大型 PLC 中,一般都增加了安全性和冗余性的产品,并且符合 IEC 61508 标准的要求。IEC61508 标准主要为可编程电子系统内的功能性安全设计而制定,为 PLC 在过程控制领域使用的可靠性和安全性设计提供了依据。现在 PLC 冗余性产品包括 CPU 系统、I/O 模块以及热备份冗余软件等。大型 PLC 和冗余技术一般都在大型的过程控制系统中使用。

6. 开放性和标准化

在没有统一的规范和标准前,世界上大大小小的电气设备制造商几乎都推出了自己的 PLC 产品。这些 PLC 产品在使用上都存在差别,这对 PLC 产品制造商和用户是不利的,它一方面增加了制造商的开发费用,另一方面也增加了用户学习和培训的负担,而且给程序的重复使用和可移植性带来了困难。

自从 PLC 采用了各种工业标准,如 IEC 61131、IEEE 802.3 以太网、TCP/CP、UDP/IP 等,以及各种事实上的工业标准,如 Windows NT、OPC 等以来,特别是 PLC 的国际标准 IEC61131,为 PLC 从硬件设计、编程语言、通信联网等各方面都提供了详细的规范。其中,1EC 61131-3(IEC61131 第 3 部分)是 PLC 的编程语言标准,其软件模型是现代 PLC 的软件基础,是整个标准的基础性理论工具,它使传统 PLC 突破了原有的体系结构(在一个 PLC 系统中包含多个 CPU 模块),并为相应的软件设计奠定了基础。IEC 61131-3 不仅在 PLC 系统中被广泛采用,在其他的工业计算机控制系统、工业编程软件中也得到了广泛的应用。现在,越来越多的 PLC 制造商都在尽量采用该标准,尽管受到硬件和成本等因素的制约,不同制造商生产的 PLC 与 IEC 61131-3 兼容的程度有大有小,但这已成为一种趋势。

7. 通信联网功能的增强和易用化

在中大型 PLC 控制系统中,需要多个 PLC 以及智能仪器仪表连接成一个网络进行信息交换。PLC 通信联网功能的增加使 PLC 更容易与 PC 及其他智能控制设备进行互联,使系统形成一个统一的整体,实现分散控制、集中管理。现在许多小型甚至微型 PLC 的通信功能也十分强大。PLC 控制系统的介质一般有双绞线或光纤,具备常用的串行通信功能。目前在提供网络接口方面，PLC 向两个方向发展：一是提供直接挂接到现场总线网络中的接口(如 Profibus 等)；二是提供 Ethernet 接口，使 PLC 可直接接入以太网。

8. 软 PLC 的概念

软 PLC 就是在 PC 的平台上且在 Windows 操作环境下，用软件来实现 PLC 的功能。这个概念大概在 20 世纪 90 年代中期提出。由于 PC 价格便宜，有很强的数学运算、数据处理、通信和人机交互的功能，如果利用功能完善的软件就可以方便地进行工业控制流程的实时和动态监控，完成报警、历史趋势和各种复杂的控制功能，同时节约控制系统的设计时间。配上远程 I/O 和智能 I/O 后，软 PLC 也能完成复杂的分布式控制任务。在随后的几年，软 PLC 的开发也呈现了上升势头，但后来软 PLC 并没有像人们希望的那样占据相当市场份额，这是因为软 PLC 本身存在以下缺陷：

(1) 对维护和服务人员的要求比较高；

(2) 电源故障对系统影响较大；

(3) 在占绝大多数的低端应用市场，软 PLC 没有优势可言；

(4) 可靠性方面和对工业环境的适应性方面无法和 PLC 比拟；

(5) PC 发展速度太快，技术支持不能得到保证。

但这些缺陷并不是不能改变的，随着生产厂家的努力和技术的发展，软 PLC 也会在其最适合的方面得到认可。

9. PAC 的概念

在工业控制领域，对 PLC 的应用情况有一个"80-20"法则，具体如下：

(1) 80%PLC 应用市场都是使用简单、低成本的小型 PLC。

(2) 78%(接近 80%)的 PLC 都使用开关量(或数字量)。

(3) 80%的 PLC 应用使用 20 个左右的梯形图指令就可解决问题。

(4) 剩余 20%的应用要求或控制功能使用 PLC 无法轻松满足，而需要使用其他控制手段或 PLC 配合其他手段来实现。

于是，一种能结合 PLC 的高可靠性和 PC 的高级软件功能的新产品——PAC(Programmable Automation Controller) 应运而生。PAC，是基于 PC 架构的控制器，包括了 PLC 的主要功能，以及 PC-Based 控制中基于对象的、开放的数据格式和网络能力，其主要特点是使用标准的 IEC 61131-3 编程语言，具有多控制任务处理功能，兼具 PLC 和 PC 的优点。PAC 主要用来解决剩余 20%的问题。但现在一些高端的 PLC 也具备了解决剩余 20%问题的能力，加之 PAC 是一种比较新的控制器，所以还有待市场的开发和推动。

10. PLC 在现场总线控制系统中的位置

现场总线(Fieldbus)的出现标志着自动化技术步入了一个新的时代。现场总线是"安装在制造和过程区域的现场装置与控制室内的自动控制装置之间的数字式、串行、多点通信的数据总线"，是当前工业自动化的热点之一。随着电脑、控制、沟通(Computer，Control，Communication)技术(3C 技术)的迅猛发展，使得解决自动化信息孤岛问题成为了可能。采用开放化、标准化的解决方案，将不同厂家遵守同一协议规范的自动化设备连接成控制网络并组成一个整体系统，现场总线采用总线通信的拓扑结构，整个系统处在全开放、全数字、全分散的控制平台上。从某种意义上说，现场总线技术给自动制造领域带来的变化是革命性的，到今天，现场总线技术已基本走向成熟和实用化。现场总线控制系统的优点如下：

(1) 节约硬件数量和投资；

(2) 节省安装费用；

(3) 节省维护费用；

(4) 提高了系统的控制精度和可靠性；

(5) 提高了用户的自主选择权。

在现场总线控制系统(Fieldbus Control System，FCS)占据工业自动化市场主导地位的今天，虽然大中型单独的基于 PLC 的控制系统已大大减少，但许多带有各种现场总线(如 Profibus)通信接口的主站和分布式的智能化从站都是由 PLC 来实现的。可以预计，在未来相当长的一段时期内，PLC 依然会快速发展，继续在工业自动化领域担当主角。

1.6.3　PLC 的应用领域

初期的 PLC 主要应用在开关量居多的电气顺序控制中，从 20 世纪 90 年代开始，PLC 也被广泛应用于工业自动化系统中，时至今日，PLC 已成为 FCS 中的主角，未来其应用将会越来越广泛。

1. 中小型单机电气控制系统

这是 PLC 应用最为广泛的领域，如塑料机械、印刷机械、订书机械、包装机械、切纸机械、组合机床、磨床、电镀流水线及电梯控制等。这些设备对控制系统的要求大多属于逻辑顺序控制，是最适合 PLC 应用的领域。在这些领域，PLC 取代了传统的继电器顺序控制，应用于单机控制和多机群控等。

2. 制造业自动化

制造业是典型的工业类型之一，在这一领域，PLC 主要对物体进行品质处理、形状加工和组装，以位置、形状、速度等机械量和逻辑控制为主。其中，电气自动控制系统中的开关量占绝大多数，有时数十台、上百台单片机控制设备组合在一起，形成大规模的生产流水线，如汽车制造和装备生产线等。由于 PLC 性能的提高和通信能力的增强，PCL 在制造业领域中的大中型控制系统中占据着绝对的主导地位。

3. 运动控制

为适应高精度的位置控制，PLC 制造商为用户提供了功能完善的运动控制功能。一方面体现在功能强大的主机，可以完成多路高速计数器的脉冲采集和大量的数据处理功能；另一方面还提供了专门的单轴或多轴的控制步进电动机和伺服电动机的位置控制模块，以满足任何对位置控制的任务要求。基于 PLC 的运动控制系统和其他的控制手段相比，装置体积更小，功能更强大，价格更低廉，操作更方便，速度更快捷。

4. 流程工业自动化

流程工业是工业类型中的重要分支，如电力、石油、化工、造纸等，其特点是对物流(以气体、液体为主)进行连续加工。过程控制系统中以压力、流量、温度、物位等参数的自动调节为主，大部分场合还有防爆要求。从 20 世纪 90 年代以后，PLC 具有了控制大量过程参数的功能，对多路参数进行 PID 调节也变得非常容易和方便。与传统的分布式控制系统 DCS 相比，PLC 在价格方面也具有较大的优势，再加上人机界面和联网通信方面的完善和提高，它在过程控制领域也占据了相当大的市场份额。

1.7　可编程自动化控制器(PAC)

1.7.1　PAC 的产生

2001 年权威咨询机构 ARC Group 提出了可编程自动化控制器(Programmable Automation Controller，PAC)的概念，它结合了 PLC 和 PC 两者的优点，是为解决"20%"的应用问题而设计的。PAC 是具有更高性能的工业控制器，兼具 PLC 的可靠性、坚固性，PC 的开放性及自定义电路的灵活性。将这些特性融入单机箱解决方案，就能以更快的速度和更低的成本实现工业系统自动化的设计。

PAC 诞生的目的是为工控系统添加更高的测量和控制性能，所以它不会取代现有的 PLC 系统。PAC 的概念定义为：控制引擎的集中，涵盖 PLC 用户的多种需要，以及制造业厂商对信息的需求。PAC 包括 PLC 的主要功能和扩大的控制功能，以及 PC-based 控制中基于对象的、开放数据格式和网络连接等功能。PAC 概念一经推出，就得到了行业内众多厂商的响应，包括 GE、NI、ROCKWELL、倍福、研华等在内的众多知名厂商纷纷推出各自的 PAC 控制器。目前 PAC 产品已经被应用到冶金、化工、纺织、轨道、建筑、水处理、电路与能源、食品饮料和机器制造等诸多行业中。

1.7.2　PAC 的特征

从外形上来看，PAC 与传统的 PLC 非常相似，但 PAC 系统的性能比 PLC 广泛得多。PAC 作为一种多功能的控制平台，用户可以根据系统的需要，组合和搭配相关的技术和产品。与其相反，PLC 是一种基于专有架构的产品，仅仅具备了制造商认为必要的性能。

PAC 与 PLC 最根本的不同在于它们的基础不同。PLC 的性能依赖于专用硬件，例如应用程序的执行是依靠专用硬件芯片实现的，因而会因硬件的非通用性而导致系统的功能前景和开放性受到限制；另外，由于是专用操作系统，其实时可靠性与功能都无法与通用实时操作系统相比，导致 PLC 整体性能的专用性和封闭性。

PAC 的性能是基于其轻便控制引擎，标准、通用、开放的实时操作系统，嵌入式硬件系统设计以及背板总线等实现的。

PLC 用户应用程序的执行是通过硬件实现的，而 PAC 设计了一个通用的、软件形式的控制引擎来执行应用程序。控制引擎位于实时操作系统与应用程序之间，与硬件平台无关，可在不同平台的 PAC 系统间移植。因此，对于用户来说，同样的应用程序不需修改即可下载到不同的 PAC 硬件系统中，用户只需根据系统功能需求和投资预算选择不同性能的 PAC 平台即可。PAC 根据用户需求的迅速扩展而变化,而用户系统和程序无需变化,即可实现无缝移植。

PAC 系统应该具备以下主要的特征和性能:

(1) 提供通用发展平台和单一数据库,以满足多领域自动化系统设计和集成的需求。

(2) 一个轻便的控制引擎,可以实现多领域的功能,包括逻辑控制、短程控制、运动控制和人机界面等。

(3) 允许用户根据系统实施的要求在同一平台上运行多个不同功能的应用程序,并根据控制系统的设计要求,在各程序间进行系统资源的分配。

(4) 采用开放的模块化的硬件架构以实现不同功能的自由组合与搭配,从而减少系统升级带来的开销。

(5) 支持 IEC-61158 现场总线规范,可以实现基于现场总线的高度分散性的工厂自动化环境。

(6) 支持事实上的工业以太网标准,可以与工厂的 EMS、ERP 系统轻易集成。

(7) 使用既定的网络协议和程序语言标准来保障多供应商网络的数据交换。

1.7.3　GE PAC Systems

GE 智能平台推出扩展的高可用性自动化架构控制平台,PAC Systems 带有高可用性的 PROFINET 系统,广泛应用在电力、交通、水和污水处理、矿业以及石油和天然气等行业,为用户提供先进完善的自动化解决方案。目前,GE 控制器硬件家族有两大类控制器:基于 VME 的 RX7i 和基于 PCI 的 RX3i,提供了强大的 CPU 和高带宽背板总线,使得复杂的编程能简便快速地执行。图 1-13 是 PAC Systems RX3i 的外形示意图。

图 1-13　PAC Systems RX3i 的外形

PAC Systems 设备使用 Proficy Machine Edition(PME)软件进行编程和配置,实现人机界面、运动控制和执行逻辑的开发。Proficy Machine Edition 是一个高级的软件开发环境和机器层面的自动化维护环境。

本 章 小 结

本章主要介绍与 PLC 相关的基础知识。循序渐进,从 PLC 的产生和定义讲起,首先阐述了 PLC 的发展历程和未来发展趋势,进一步介绍了 PLC 自身的应用领域和所具有的特点，将 PLC 与其他典型控制系统进行比较，突出其与众不同之处；最后对 PLC 本身的分类、系统组成和工作原理进行了详细的论述，以使读者对 PLC 有一个全面的认识。

习　题

1.1　目前对 PLC 的标准定义是什么？

1.2　PLC 具有哪些特点？

1.3　PLC 与继电器控制系统有哪些区别？

1.4　PLC 一般由哪几部分组成？

1.5　简述 PLC 的工作流程。

1.6　PLC 可以用在哪些领域？

第 2 章

GE 智能平台硬件系统

2.1　GE Fanuc 产品概况

GE Fanuc 从事自动化产品的开发和生产已有数十年，其产品包括在全世界已有数十万套安装业绩的 PLC 系统，还包括 90-30、90-70、VersaMax 系列等。近年来，GE Fanuc 在世界上率先推出 PAC 系统。PAC 作为新一代控制系统，以其无与伦比的性能和先进性引导着自动化产品的发展方向。

从紧凑经济的小型可编程逻辑控制器(PLC)到先进的可编程自动化控制器 (Programable Automatic Controller，PAC)和开放灵活的工业 PC，GE Fanuc 有各种现成的解决方案，能满足确切的需求。这些灵活的自动化产品与单一的、强大的软件组件集成在一起，为所有的控制器、运动控制产品和操作员接口/HMI 提供通用的工程开发环境；相关的知识和应用可无缝隙移植到新的控制系统上，而且可以从一个平台移植到另一个平台，并一代代地进行扩展。GE Fanuc 工控产品包括 PAC Systems RX7i 控制器、PAC Systems RX3i 控制器、90-70 系列 PLC、90-30 系列 PLC、VersaMax I/O 和控制器、VersaMax Micro 和 Nano 控制器、QuickPanel Contro、Proficy Machine Edition 等。

GE Fanuc 工控产品结构如图 2-1 所示。

全新的 GE Fanuc PAC Systems 提供第一代可编程自动化控制系统，为多个硬件平台提供控制引擎和开发环境。

PAC Systems 比现有的 PLC 有着更强大的处理速度和通信速度以及编程能力，能应用到高速处理、数据存取以及需大内存的应用中，如配方存储和数据登录。基于 VME 的 RX7i 和基于 PCI 的 RX3i 提供了强大的 CPU 和高带宽背板总线，使得复杂编程能简便快速地执行。

PAC Systems 是继 PLC、DCS 之后的新一代控制系统，为 90 系列 PLC 提供了工业领先的移植平台，用于 90 系列 PLC 硬件和软件的移植。

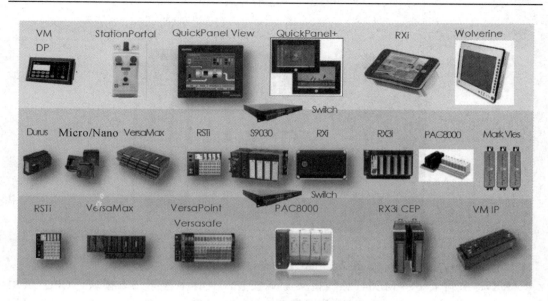

图 2-1　GE Fanuc 工控产品结构

PAC Systems 的特点如下：

(1) 克服了 PLC、DCS 长期过于封闭化、专业化而导致其技术发展缓慢的缺点，PAC 突破了 PLC、DCS 与 PC 间不断扩大的技术差距的瓶颈；

(2) 操作系统和控制功能独立于硬件；

(3) 采用标准的嵌入式系统架构设计；

(4) 开放式标准背板总线 VME/PCI；

(5) CPU 模块均为 PIII/PM 处理器：

(6) 支持 FBD，可用于过程控制，尤其适用于混合型集散控制系统(Hybrid DCS)；

(7) 编程语言符合 IEC1131。

PAC Systems 系列产品解决了业内一直存在的与工业和商业都有关的问题，即如何实现更高的产量和提供更开放的通信方式。它帮助用户全面提升整个自动化系统的性能，降低工程成本，大幅度减少有关短期和长期的系统升级问题以及控制平台寿命的问题。

2.1.1　PAC Systems RX7i

PAC Systems RX7i 控制器是 GE Fanuc 2003 年推出的产品，为 90-70 系列的升级产品。作为 PAC 家族的一员，PAC Systems RX7i 提供更强大的功能、更大的内存和更高的带宽来实现从中档到高档的各种应用，也提供其他 PAC Systems 平台的所有的创新功能。和其他 PAC Systems 一样，RX7i 有一个单一的控制引擎和通用的编程环境，能创建一条无缝的移植路径，并且提供真正的集中控制选择。同时，它能适合从中档到高档的各种应用，其庞大的内存、高带宽和分布式 I/O 能满足各种重要系统的要求。PAC Systems RX7i 系统如图 2-2 所示。

图 2-2　PAC Systems RX7i 控制器

RX7i 系列采用 VME64 总线机架方式安装，兼容多种第三方模块。CPU 采用 IntelPⅢ700 处理器，10 MB 内存，集成了两个 10/100 MB 自适应以太网卡；主机架采用新型 17 槽 VME 机架，扩展机架、I/O 模块、Genius 网络仍然采用原 90-70 系列产品。RX7i 在兼容以前产品的同时，性能得到了极大地提升。

2.1.2　PAC Systems RX3i

PAC Systems RX3i 控制器是创新的可编程自动化控制器 PAC Systems 家族中最新增加的部件，是用于中、高端过程和离散控制应用的新一代控制器。如同家族中的其他产品一样，PAC Systems RX3i 的特点是具有单一的控制引擎和通用的编程环境，提供应用程序在多种硬件平台上的可移植性和真正的各种控制选择的交叉渗透。PAC Systems RX3i 使用与 PAC Systems RX7i 相同的控制引擎，由一个紧凑的、节省成本的组件包提供高级的自动化功能。PAC Systems 具有移植性的控制引擎在几种不同的平台上都有卓越的表现，它能让初始设备制造商和最终用户在应用程序变异的情况下，选择最适合他们需要的控制系统硬件。PAC System RX3i 系统结构如图 2-3 所示。

图 2-3　PAC Systems RX3i 控制器

PAC Systems RX3i 能统一过程控制系统，通过可编程自动化控制器解决方案，可以更灵活、更开放地升级或者转换系统。PAC Systems RX3i 运行速度快，每执行 1000 步运行时间 0.07 ms，而且价格并不昂贵，但却易于集成，为多平台的应用提供空前的自由度。在 Proficy Machine Edition 的开发软件环境中，PAC Systems RX3i 单一的控制引擎和通用的编程环境能在整体上提升自动化水平。

PAC Systems RX3i 控制器在一个小型的、低成本的系统中能提供高级功能，具有下列优点：

(1) 把一个新型的高速底板(PCI-27MHz)结合到现成的 90-30 系列串行总线上；

(2) 具有 Intel 300 MHz CPU(与 RX7i 相同)；

(3) 消除信息的瓶颈现象，获得快速通过量；

(4) 支持新的 RX3i 和 90-30 系列输入输出模块；

(5) 大容量电源，支持多个装置的额外功率或多余要求；

(6) 使用与 RX7i 模块相同的引擎，容易实现程序的移植；

(7) 使用户能够更灵活地配置输入输出；

(8) 具有新增加的、快速的输入输出：

(9) 具有大容量接线端子板 32 点离散输入输出。

2.1.3　90-70 系列 PLC

90-70 系列已经成为复杂应用的工业标准，这些复杂应用往往要求系统带有大量 I/O 和大量处理内存。90-70 系列基于 VME 总线的开放式背板，适用于几百个基于 VME 总线的多功能模块，其应用往往涉及显示、高度专业化的运动控制或者光纤网络。90-70 系列可以进一步自定义系统结构，同时附加各种可用的 I/O 和特殊模块以及许多独立或分布式运动控制系统，如图 2-4 所示。

图 2-4　90-70 系列 PLC 外观

1. 90-70 系列 PLC 的类型

90-70 系列 PLC 根据 CPU 的种类来划分，其大部分模块适用于全系列的 PLC 产品。90-70 系列 PLC 的 CPU 类型如下：

(1) CPU731、CPU732；

(2) CPX772、CPX782、CPX935；

(3) CPU780；

(4) CPU788；

(5) CPU789、CPU790；

(6) CPU915、CPU925；

(7) CSE784、CSE925。

90-70 系列 PLC 的 CPU 技术参数见表 2-1。

表 2-1　90-70 系列 PLC 的 CPU 技术参数

CPU 型号	CPU/MHz	CPU (处理器)	I/O 点数/个	AI/AO 点数/个	用户内存	浮点运算	备注
CPU731/732	8	80C186	512	8K	32KB	无/有	—
CPU771/772	12	80C186	2048	8K	64/512KB	无/有	—
CPU780	16	80386DX	12K	8K	可选	有	热备冗余
CPU788	16	80386DX	352	8K	206KB	无	三冗余
CPU789	16	80386DX	12K	8K	206KB	无	三冗余
CPU790	64	80486DX2	12K	8K	206KB	无	三冗余
CPU915/925	32/64	80486DX/DX2	12K	8K	1MB	有	热备冗余
CSE784	16	80386	12K	8K	512KB	有	State Logic
CSE925	64	80486DX2	12K	8K	1MB	有	State Logic
CPX935	96	80486DX4	12K	8K	1MB、4MB	有	热备冗余

2. 智能模块

智能模块如下：

(1) 电源模块；

(2) GENIUS 模块；

(3) 高数计数模块；

(4) 以太网模块；

(5) PROFIBUS 模块、VME 模块；

(6) 通信协处理器模块；

(7) 可编程协处理器模块。

3. 90-70 系列 PLC 的扩展(需扩展模块)

90-70 系列 PLC 的机架不分本地机架和扩展机架，而是根据机架上所插的模块进行区分，插 BTM 的是主机架，插 BRM 的是扩展机架。

4. 网络通信

90-70 系列 PLC 支持的网络类型如下:

(1) RS-485 串行网络;

(2) Genius 网络;

(3) Profibus 网络;

(4) 以太网;

(5) 其他现场工业总线。

90-70 系列 PLC 采用的是开放的 VME 总线。在全世界共有 100 多了厂家生产各种各样 VME 的模块,都可用在 90-70 系列的系统上,从而大大丰富了 90-70 系列 PLC 的模块种类,扩展了 90-70 系列 PLC 的应用范围。

2.1.4　90-30 系列 PLC

90-30 系列 PLC 拥有模块化设计、超过 100 个 I/O 模块和多种 CPU 选项,能满足特殊性能要求的多功能系统设置,其网络和通信能力能在一个非专有网络上进行数据传输、上传下载程序和执行诊断。集成在 90-30 系列 PLC 中的运动控制系统适用于高性能点到点应用,并且支持大量的电机类型和系统结构。90-30 系列如图 2-5 所示。

图 2-5　90-30 系列 PLC 的外观

1. 90-30 系列 PLC 的类型

90-30 系列 PLC 根据 CPU 的种类来划分类型,其中,I/O 模块支持全系列的 CPU 模型,而有些智能模块只支持高档 CPU 模块。

90-30 系列 PLC 的 CPU 类型如下:

(1) CPU311、CPU313、CPU323;

(2) CPU331;

(3) CPU340、CPU341;

(4) CPU350、CPU351、CPU352;

(5) CPU360、CPU363、CPU364。

2. 90-30 系列 PLC 的 CPU 技术参数

90-30 系列 PLC 的 CPU 技术参数见表 2-2。

表 2-2   90-30 系列 PLC 的 CPU 技术参数

CPU 型号	CPU311	CPU313 CPU323	CPU331	CPU340 CPU341	CPU351 CPU352
I/O 点数/个	80/160	160/320	1024	1024	4096
AI/AO 点数/个	64/32	64/32	128/64	1024/256	2048/256
寄存器/字	512	1024	2048	9999	9999
用户逻辑内存/KB	6	6	16	32/80	80
程序运行速度/(ms/KB)	18	0.6	0.4	0.3	0.22
内部线圈/个	1024	1024	1024	1024	4096
计时/计数器/个	170	340	680	>2000	>2000
高速计数器	有	有	有	有	有
轴定位模块	有	有	有	有	有
CPU 型号	CPU311	CPU313 CPU323	CPU331	CPU340 CPU341	CPU351 CPU352
可编程协处理器模块	没有	没有	有	有	有
浮点运算	无	无	无	无	无/有
超控	没有	没有	有	有	有
后备电池时钟	没有	没有	有	有	有
口令	有	有	有	有	有
中断	没有	没有	没有	有	有
诊断	I/O、CPU	I/O、CPU	I/O、CPU	I/O、CPU	I/O、CPU

3. I/O 模块

几乎所有的 I/O 模块都可用在 90-30 系列的 PLC 上。

4. 智能模块

智能类型如下:

(1) 电源模块;

(2) GENIUS 模块;

(3) 高数计数模块;

(4) 以太网模块;

(5) Profibus 模块;

(6) 通信协处理器模块;

(7) 可编程协处理器模块。

5. 90-30 系列 PLC 的扩展

无须特殊模块,因为底板上带有扩展口。

6. 网络通信

90-30 系列 PLC 支持的网络类型如下:

(1) RS-485 串行网络;

(2) Genius 网络;

(3) Profibus 网络;

(4) 以太网;

(5) 其他现场工业总线。

2.1.5　VersaMax PLC

VersaMax PLC 是模块化可伸缩的结构,能在一个小的结构中提供大的 PLC 功能。VersaMax PLC 是创新控制器家族中的一员,它把一个强大的 CPU 与广泛的离散量、模拟量、混合和特殊的 I/O 模块、端子、电源模块以及连接到各个网络的通信模块组合在一起,如图 2-6 所示。

图 2-6　VersaMax PLC 外观

2.1.6　VersaMax Nano 和 Micro PLC

VersaMax Nano 和 Micro PLC 只有手掌大小,但是其功能强大并且经济,如图 2-7 所示。它提供集成的一体化结构,节省面板空间,可以安装在一个 DIN 导轨或者一个面板上,在处理简单的应用时能提供快速的解决方案。

图 2-7　VersaMax Nano 和 Micro PLC 的外观

1. Micro PLC 的类型

Micro PLC 的类型如下:

(1) 14 点 Micro PLC;

(2) 28 点 Micro PLC;

(3) 23 点 Micro PLC,带 2AI/1 AO;

(4) 14 点扩展 Micro PLC。

2. 技术参数

(1) CPU 技术参数见表 2-3。

表 2-3　CPU 技术参数

PLC 类型	14 点 Micro PLC	28 点 Micro PLC
程序执行速度/(ms/KB)	1.8	1.0
标准功能块执行时间/μs	48	29
内存容量/KB	3	6
PLC 类型	14 点 Micro PLC	28 点 Micro PLC
内存类型	RAM、Flash、EEPROM	
数据寄存器/字	256	2048
内部线圈/个	1024	1024
计时/计数器/个	80	600
编程语言	梯形图	梯形图
串行口	1 个口 RS-422：SNP、RTU	2 个口 RS-422：SNP、PTU

(2) I/O 技术参数见表 2-4。

表 2-4　I/O 技术参数

型号	电源	输入点数/个	输入类型	输出点数/个	输出类型
IC693UDR001	AC85~265V	8 DI	DC24V	6	继电器
IC693UDR002	DC10~30V	8 DI	DC24V	6	继电器
IC693UDR003	AC85~265V	8 DI	AC85~132V	6	AC85~265V
IC693UDR005	AC85~265V	16 DI	DC24V	11 1	继电器 DC24V
IC693UAL006	AC85~265V	13 DI 2 AI	DC24V Analog	9 1 1 AQ	继电器 DC24V Analog
IC693UAA007	AC85~265V	16 DI	AC85~132V	12	AC85~265V
IC693UDR010	DC24V	16 DI	DC24V	11 1	继电器 DC24V
IC693UEX011	AC85~265V	8 DI	DC24V	6	继电器

3. Micro PLC 的特点

Micro PLC 的特点如下：

(1) 两个外置可调电位器设置其他 I/O 的门限值；

(2) 软件组态功能无 DIP 开关；

(3) 直流输入可组态成 5 kHz 的高数计数器；

(4) 直流输出可组态成 PWM 脉宽调制 19 Hz～2 kHz 信号；

(5) 28 点/23 点 Micro PLC 支持实时时钟；

(6) 14 点的扩展模块最多可扩展到 84 点、28 点 Micro PLC 和 79 点、23 点 Micro PLC；

(7) 23 点 Micro PLC 提供两路模拟量输入和 1 路模拟量输出；

(8) 内置 RS-422 通信口支持 SNP 主从协议和 RTU 从站协议；

(9) 28/23 点 Micro PLC 支持 ASCII 输出。

2.2　PAC Systems RX3i 硬件概述

PAC 是一种新型的可编程自动化控制器，能满足控制引擎集中、涵盖 PLC 用户的多种需要，以及制造业厂商对信息的需求，与 PLC 相比更具有开放的体系结构和优秀的互操作性、灵活性，与 PC 相比又具有更高的稳定性和更好的实时性。因此能更好地满足现代工业自动化的要求。

PAC Systems RX3i 控制器是创新的可编程自动化控制器，是 PAC Systems 家族中新增加的部件，是中、高端过程和离散控制应用的新一代控制器，具有单一的控制引擎和通用的编程环境、应用程序在多种硬件平台上的可移植性，以及真正的各种控制选择的交叉渗透。PAC Systems RX3i 控制器功能强、速度快、扩展灵活，具有紧凑的、无槽位限制的模块化结构，其构成如图 2-8 所示。

PAC Systems RX3i 主要组成包括主机架底板、电源模块、中央处理单元 CPU 模块、以太网通信模块、离数字量 I/O 模块、模拟量 I/O 模块、功能模块及扩展模块等。

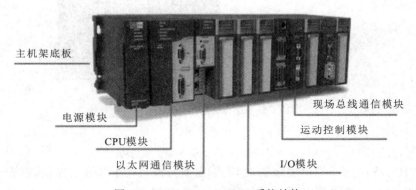

图 2-8　PAC Systems RX3i 系统结构

2.2.1　PAC Systems RX3i 背板

RX3i 通用背板是双总线背板，既支持 PCI 总线(1C695)又支持串行总线(IC694)的 I/O和可选智能模块。背板支持带电插拔功能，有 12 槽(IC695CHS012)和 16 槽(IC695CHS016)两种型号的通用背板，以满足用户的不同需要。PAC Systems RX31 12 槽背板外形图如图 2-9 所示。

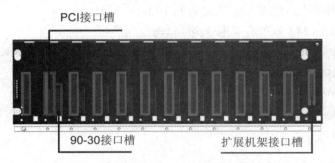

图 2-9　PAC Systems RX3i 12 槽背板外形

1. 通用背板 TB1 输入端子条

在背板的最左侧有 8 个端子，其功能如图 2-10 所示。

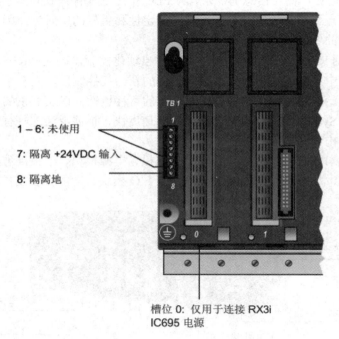

图 2-10　TB1 输入端子条

RX3i IC695 电源不提供隔离的+24V 输出至背板。端子 7/8 可用于连接一个任意的外部隔离的 -4~24V 直流电源，用于 IC693 和 IC694 模块。

2. 0 插槽

背板最左端的插槽为 0 插槽，只能用于 IC695 电源模块(IC695 电源模块可以装在任何插槽内)。如果两个插槽宽的模块装在 1 插槽时盖住了 0 插槽，即 0 插槽被占用，在硬件配置时，则认为该模块装在 0 插槽。

3. 扩展插槽

最右端 12 插槽为扩展插槽，只能用于串行扩展模块 IC695LRE001。

4. 插槽 1～11(15)

插槽 1～11(15)可以安装 I/O 和其他功能模块。

在 PAC Systems RX3i 系统中，一般情况下电源在 0 插槽，CPU 在 1～2 插槽，I/O 模块在 3～11 插槽，背板扩展模块在 12 插槽。

2.2.2　电源模块

PAC Systerns RX3i 的电源模块像 I/O 一样简单地插在背板上，并能与任何标准型号的 RX3i CPU 协同工作，实现单机控制、故障安全检测和容错。PAC Systerns RX3i 电源模块的输入电压有 100～240 VAC、125 VDC、24 VDC 或 12 VDC 等备选，每个电源模块都具有自动电压适应功能，用户无需跳线选择不同的输入电压。电源模块具有限流功能，发生短路时，会自动关断，避免零件损坏。PAC Systerns RX3i 的电源模块的型号如表 2-5 所示。

表 2-5　电源模块的型号

电源类型	型号
120/240 VAC,125 VDC ,40W 电源	IC695PSA040
24 VDC ,40W 电源	IC695PSD040
120/240 VAC,125 VDC ,串行扩展电源	IC694PWR321
120/240 VAC,125 VDC ,高容量串行扩展电源	IC694PWR330
24 VDC ,大容量连续支持扩展电源	IC694PWR331

本教材案例中选用的是 IC695PSD040，其输入电压范围是 18~39 VDC，提供 40W 的输出功率。该电源提供以下三种输出：

(1) +5.1 VDC 输出；

(2) +24 VDC 继电器输出，可以应用在继电器输出模块上的电源电路；

(3) +3.3 VDC，只能在内部用于 IC695 产品编号 RX3i 模块中。

在 PAC Systerns RX3i 的通用背板中只能用一个 IC695PSD040。该电源不能与其他 RX3i 的电源一起用于电源冗余模式或增加容量模式。IC695PSD040 电源外形如图 2-11 所示，在硬件配置中它占用一个槽位，ON/OFF 开关位于模块前面门的后面，控制电源模块的输出，不能切断模块的输入电源。

当电源模块发生内部故障时会有指示，CPU 可以检测到电源丢失，会记录相应的错误代码，4 个 LED 灯用于指示模块的工作状态，其具体意义如表 2-6 所示。

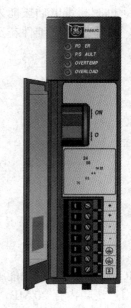

图 2-11　IC695PSD040 电源外形

表 2-6　IC695PSD040 电源的 LED 意义说明

指示灯	状态	说　明
POWER	绿色	电源模块在给背板供电
	琥珀黄	电源已加到电源模块上，但是电源模块上的开关是关闭的
P/S FAULT	红色	电源模块存在故障并且不能给背板提供足够的电压
OVERTEMP	琥珀黄	电源模块接近或者超过了最高工作温度
OVERLOAD	琥珀黄	电源模块至少有一个输出接近或者超过最大输出功率

IC695PSD040 电源模块现场接线如图 2-12 所示。

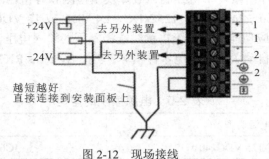

图 2-12　现场接线

2.2.3　CPU 模 块

PAC Systems RX3i 高性能的 CPU 是基于最新技术的、具有高速运算和高速数据吞吐的处理器，支持 32K 输入、32K 输出、32K 模拟输入、32K 模拟输出和最大达 5 MB 的数据存储。PAC Systerns RX3i 支持多种 IEC 语言和 C 语言，用户编程更加灵活；广泛的诊断机制和带电插拔能力增加了机器周期运行时间，减少了停机时间；能存储大量的数据，减少了外围硬件花费。RX3i CPU 外观如图 2-13 所示。

图 2-13　RX3i CPU 外观

IC695CPU315 模块能够支持梯形逻辑、结构化文本、C 语言、功能块图等多种编程语言，用户逻辑内存 20 MB，按照 PCI 2.2 标准设计，支持 RX3i 和 90-30 串行背板；中央处理器速度为 1GHz，具有浮点运算能力，每执行 1000 步运行时间为 0.07ms；内置 RS-232 和 RS-485 两个串行通信端口，支持 Modbus RTU slave、SNP、串行 I/O 等串口协议。

IC695CPU315 模块在底板上占用 2 个槽数。CPU 模块上有 8 个诊断用的 LED，分别显示：CPU OK、运行、输出允许、输入/输出强制、电池、系统故障、COM1 和 COM2 端口激活状态。CPU 模块面板上的 LED(发光二极管)的具体意义如表 2-7 所示。

表 2-7　IC695CPU315 模块的 LED 意义说明

指示灯	状态	说　明
CPU OK	ON	CPU 通过上电自诊断程序，并且功能正常
	OFF	CPU 有问题，允许输出指示灯和 RUN 指示灯能以错误代码模式
	闪烁	CPU 在启动模式，等待串口的固件更新信号
RUN	ON	CPU 在运行模式
	OFF	CPU 在停止模式
OUTPUTS ENABLED	ON	输出扫描使能
	OFF	输出扫描失效
I/O FORCE	ON	位置变量被覆盖
BATTERY	ON	电池失效或未安装电池
	闪烁	电池电量过低
SYS FLT	ON	CPU 发生致命故障，在停止/故障状态
COM1 COM2	闪烁	端口信号可用

2.2.4　以太网接口模块

以太网通信模块为 IC695ETM001 模块，用来连接 PAC 系统 RX3i 控制器至以太网。RX3i 控制器通过它可以与其他 PAC 系统和 90 系列、Versa Max 控制器进行通信。以太网接口模块提供与其他 PLC、运行主机通信工具包(或编程器软件的主机)以及运行 TCP/IP 版本编程软件的计算机连接。这些通信在一个四层 TCP/IP 上使用 GE SRTP 和 EGD 协议。

以太网接口模块有两个自适应的 10Base T/100Base TX RJ 45 屏蔽双绞线以太网端口，用来连接 10Base T 或者 100Base TX IEEE 802.3 网络中的任意一个。这个接口能够自动检测速度、双工模式(半双工或全双工)和与之连接的电缆(直行或者交叉)，不需要外界的干涉。

以太网模块上有 7 个指示灯，如图 2-14 所示，简要说明如下：

(1) Ethernet OK 指示灯：指示该模块是否能正常工作。

(2) LAN OK 指示灯：指示是否连接以太网络。

(3) Log Empty 指示灯：在正常运行状态下指示灯呈"明亮"状态，如果有事件被记录，指示灯呈"熄灭"状态。

(4) 两个以太网激活指示灯(LINK)：指示网络连接状况和激活状态。

(5) 两个以太网速度指示灯(100 MB/s)：指示网络数据传输速度，10 MB/s(熄灭)或者 100 MB/s(明亮)。

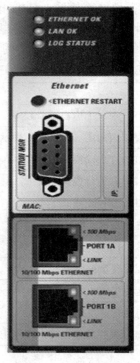

图 2-14　以太网模块

2.3　PAC Systems RX3i 信号模块

2.3.1　PAC Systems RX3i 数字量输入模块

数字量输入模块又称为开关量输入模块，用于采集现场过程的数字信号电平，并把它转换为 PLC 内部的信号电平。数字量输入模块一般连接外部的机械触点和电子数字式传感器。用于采集直流信号的模块称为直流输入模块，额定输入电压为直流 125 VDC、24 VDC、5/12 VDC；用于采集交流信号的模块称为交流输入模块，额定输入电压为交流 120 VAC、240 VAC、24 VAC。如果信号线不是很长，而且 PLC 所处的物理环境较好，电磁干扰较轻，则应考虑优先选用 24 VDC 的直流输入模块。交流输入方式适合于在油雾、粉尘的恶劣环境下使用。数字量输入模块型号如表 2-8 所示。

表 2-8　数字量输入模块型号

数字量输入模块	型号
20 VAC 输入 8 点隔离	IC694MDL230
240 VAC 输入 8 点隔离	IC694MDL231
120 VAC 输入 16 点	IC694MDL240
24 VAC/VDC 输入 16 点正/负逻辑	IC694MDL241
125 VDC 输入 8 点正/负逻辑	IC694MDL632

数字量输入模块	型号
24 VDC 输入 8 点正/负逻辑	IC694MDL634
24 VDC 输入 16 点正/负逻辑	IC694MDL645
24 VDC 输入 16 点正/负快速逻辑	IC694MDL646
5/12 VDC 输入(TTL)点正/负逻辑	IC694MDL654
24 VDC 输入 32 点正/负逻辑	IC694MDL655
24 VDC 输入 32 点正/负逻辑 并需要高密度接线板(IC694TBB032 或 IC694TBS032)	IC694MDL660
输入模拟模块	IC694ACC300

数字量输入模块在底板上占用 1 个槽口，可以安装到 RX3i 系统的任何 I/O 槽中。

模块上的每个输入点的输入状态是用一个绿色的发光二极管来显示，输入开关闭合即有输入电压时，二极管点亮。本教材案例中选用的是 IC694MDL660，该模块具有 24 VDC32 点正/负逻辑输入，但需额外订购高密接线板 IC694TBB032 或 IC694TBS032。高密接线板 IC694TBB032 外形如图 2-15 所示。32 点分为四个隔离组，每组有 8 个点，并且有自己公共端的输入点。图 2-16 所示为 IC694MDL660 外形及端子连接图。

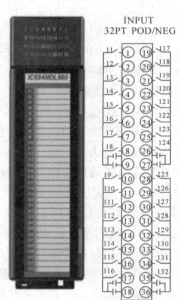

图 2-15　高密接线板 IC694TBB032　　　　图 2-16　IC694MDL660 外形及端子连接图

输入模拟器模块 IC694ACC300 可用来模拟 8 点或 16 点的开关量输入模块的操作状态，其外形如图 2-17 所示。模拟输入器模块无需现场连接，可以代替实际的输入，同时用 LED 灯显示输入状态，直到程序或系统调试好。输入模拟器模块也可以永久地安装到系统上，作为提供 8 点或 16 点条件输入接点的人工控制输出设备。在输入模拟器模块安装之前，在其背后有一开关用来设置模拟输入点数(8 点或 16 点)，单独的绿色发光二极管表明每个开关的 ON/OFF 位置。输入模拟器模块可以安装到 RX3i 系统的任何 I/O 槽中。

图 2-17　　输入模拟器模块外形

2.3.2　PAC Systems RX3i 数字量输出模块

数字量输出模块将 PLC 内部信号电平转换成外部过程所需的信号电平，同时具有隔离和功率放大的作用，能连接继电器、电磁阀、接触器、小功率电动机、指示灯和电动机软启动等负载。

按负载回路使用的电源不同，数字量输出模块可以分为直流输出模块、交流输出模块和交直流两用输出模块，按输出开关器件的种类不同，又可分为晶体管输出方式、晶闸管输出方式和继电器输出方式。

这两种分类方式有着密不可分的关系。晶体管输出方式的模块只能带直流负载，属于直流输出模块；晶闸管输出方式的模块属于交流输出模块；继电器输出方式的模块属于交直流两用输出模块。从响应的速度上看，晶体管响应最快，继电器响应最慢；从安全隔离效果及应用灵活性角度看，继电器输出型的性能最好。

一般情况下，用户多采用继电器型的数字量输出模块，其价格也相对高一些。继电器输出模块的额定负载电压范围较宽，输出直流电压最小是 24VDC，最大可达到 120VDC：输出交流的范围是 48～230VAC。

数字量输出模块有多种型号可供选择，常用的模块有 8 点晶体管输出、16 点晶体管输出、32 点晶体管输出、8 点可控硅输出、16 点可控硅输出、8 点继电器输出和 16 点继电器输出。模块的每个输出点有一个绿色发光二极管显示输出状态，输出逻辑"1"时，二极管点亮。常见数字量输出模块型号如表 2-9 所示。

表 2-9　数字量输出模块型号

数字量输出模块	订货号
Output120 VAC 0.5A 12 点	IC694MDL310
Output120/240 VAC 2A 8 点	IC694MDL330
Output120 VAC 0.5A 16 点	IC694MDL340
Output120/240 VAC 2A 5 点隔离	IC694MDL390

数字量输出模块	订货号
Output12/24 VDC 0.5A 8 点　正逻辑	IC694MDL732
Output125 VDC 1A 6 点　隔离　正/负逻辑	IC694MDL734
Output12/24 VDC 0.5A 16 点　正逻辑	IC694MDL740
Output12/24 VDC 0.5A 16 点　负逻辑	IC694MDL741
Output12/24 VDC 1A 16 点正逻辑　ESCP	IC694MDL742
Output5/24 VDC (TTL)0.5A 32 点负逻辑	IC694MDL752
Output12/24 VDC 0.5A 32 点正逻辑	IC694MDL753
Output 隔离 继电器 N.O. 4A 8 点	IC694MDL930
Output 隔离 继电器 N.C.和 Form C 3 A 8 点	IC694MDL931
Output 继电器 N.O. 2A 16 点	IC694MDL940

典型交/直流电压输出模块型号及基本性能如表 2-10 所示。

表 2-10　典型交/直流电压输出模块型号及基本性能

型号	IC694MDL330	IC694MDL742	IC694MDL754	IC694MDL940
产品名称	PAC Systems RX3i 交流电压输出模块，120/240VAC	PAC Systems RX3i 直流电压输出模块，12/24 VDC，正逻辑，带 ESCP	PAC Systems RX3i 直流电压输出模块，12/24 VDC，正逻辑，带 ESCP	PAC Systems RX3i 交流/直流电压输出模块，继电器
电源类型	交流	直流	直流	混合
模块功能	输出	输出	输出	输出
输出电压-范围	85~264VAC	12~24VDC	12~24VDC	5~250VAC，5~30VDC
点数/点	8	16	32	16
隔离	N/A	N/A	N/A	N/A
每点负载电流/A	最大 2	1.0	0.75	2
响应时间/ms	1 开 1/2 周期关	2 开/2 关	0.5 开/0.5 关	15 开/15 关
输出类型	可控硅	晶体管	晶体管	继电器
极性	N/A	正	正	N/A
共地点数/点	4	8	2	4
连接器类型	接线端子	接线端子	接线端子 IC694TBB032 或 IC694TBS032	接线端子
内部电源	160 mA @ 5 VDC	130 mA @ 5 VDC	300 mA @ 5 VDC	7 mA @ 5 VDC

注：①ESCP 是电子短路保护开关(Electronic Short Circuit Protection)；②32 点输出模块需额外订购电缆用于和外部负载连接。

　　本教材案例中选用的是 IC694MDL754，该模块为 12～24 VDC 直流电压输出模块，最大输出电流为 0.75 A，并带有电子短路保护开关 ESCP，提供两组(每组 16 个点)共 32 个输出点。这种类型模块具有正逻辑特性，它向负载提供的源电流来自用户公共端或者正电源总线。输出装置连接在负电源总线和模块端子之间，负载可以是连接电动机的接触器、指示灯等，用户需提供现场操作装置的电源。图 2-18 为 IC6941VIDL754 外形及端子连接示意图。

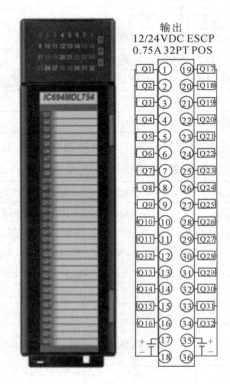

图 2-18　IC694MDL754 外形及端子连接示意图

2.3.3　PAC Systems RX3i 模拟量输入模块

　　生产过程中存在大量的物理量，例如速度、旋转速度、pH 值、黏度、有功功率和无功功率等，还有是非电量，例如温度、压力、流量、液位、物体的成分。为了实现自动控制，对这些模拟量信号需要进行 PLC 处理。模拟量输入模块用于连接电压和电流传感器、热电偶、电阻器和电阻式温度计，并将扩展过程中的模拟信号转换为 PAC 内部处理用的数字信号。模拟量模块输入有单端的还有差分的，对于差分模拟输入，转换的数据是在电压 IN+ 和 IN-之间的差值。差分模拟输入对干扰和接地电流不太敏感，一对差分模拟输入的双方都参照一个公共的电压(COM)。相对于 COM 的两个 IN 端的平均电压称为共模电压。不同的信号源有不同的共模电压，这种共模电压可能由电路接地位置的电位差或输入信号本身的性质引起。

为了参考浮空的信号和限制共模电压，COM 端必须安置在连接到输入信号源的任一边缘侧。如果不是特别的设计，总的共模电压应参照 COM 端的线路上差分输入电压和干扰限制在 −11～＋11V，否则会导致模块损坏。

PAC Systems RX3i 模拟量输入模块目前有 4 通道、8 通道、16 通道等几种规格，输入类型可以是单端的也可以是差分的。模拟量输入模块型号如表 2-11 所示。

表 2-11　模拟量输入模块型号

模拟量输入模块	订货号
模拟量输入模块，4 通道，电压型	IC694ALG220
模拟量输入模块，4 通道，电流型	IC694ALG221
模拟量输入模块，16/8 通道，电压型	IC694ALG222
模拟量输入模块，16 通道，电流型	IC694ALG223
通用模拟量输入模块，8 通道，电压，电流，电阻热电阻，热电偶	IC694ALG600

模拟量输入模块 IC695ALG600，占用 1 个插槽，有 8 个模拟量输入通道和两个冷端温度补偿(CJC)通道，在 GEPAC 中占 16 个字内存地址，例如 AI1～AI16，每一个通道分配两个字地址，数据类型有 16 位整型和 32 位浮点型。如果是整型数据，则每个通道占用它的前一个内存地址；如果是浮点型数据，则每个通道占用两个内存地址。模拟量输入模块 IC695ALG600 必须在 RX3i 机架中工作，不能工作在 IC693CHSxxx 或 IC694CHSxxx 扩展机架中。通过 Machine Edition 的软件，用户能在每个通道的基础上配置电压、热电偶、电流、RTD 和电阻输入。目前有 30 多种类型的设备可以在每个通道的基础上进行配置。除了能提供灵活的配置，通用模拟量输入模块还提供广泛的诊断机制，如断路、变化率、高、高/高、低、低/低、未到量程和超过量程的各种报警，每种报警都会产生对控制器的中断。输入信号可以是电流：0～20 mA、4～20 mA、±20 mA，也可以是电压：±50 mV、±150 mV、0～5 V、1～5 V、0～10 V、±10 V 等。该模块还集成了模拟量标度变换功能，可以将采集到的模拟量信号转换成对应的不同的数值输出，不同的通道可以分别进行不同的标量变换。

IC695ALG600 模块上的模拟量输入有 8 个通道，在使用中对每个通道单独配置，根据实际情况可将通道类型配置为 Voltage、Current、RTD、Resistance、Disabled 等。通道类型配置后，还需要进一步配置温度类型，温度类型有 B、C、E、J、N、R、S、T。其温度类型和温度范围如表 2-12 所示。

表 2-12　温度类型和温度范围对应表

热	Type B	300～1820℃	热	Type N	−210～1300℃
电	Type C	0～2315℃	电	Type R	0～1768℃
偶	Type E	−270～1000℃	偶	Type S	0～1768℃
输	Type J	−210～1200℃	输	Type T	−270～400℃
入	Type K	−270～1372℃	入	Type N	−210～1300℃

IC695ALG600 模块上共有 36 个接线端子，其中端子号 1 和 2、35 和 36 分别为冷端温度补偿通道，其余 32 个端子(3～34)分为 8 组，按端子号和排列次序，每 4 个端子号为一

组，每组即为一个输入通道。IC695ALG600 号称万能模块，内部 8 个通道的每个通道都可以外接电流型传感器、电压型传感器、2 线热电偶或热电阻传感器、3 线或 4 线热电偶或热电阻传感器等，不同类型传感器与 IC695ALG600 连接时采用不同的接线方式和不同的接线端子。IC695ALG600 现场配线如表 2-13 所示，与各类传感器接线如图 2-19 所示。

表 2-13　IC695ALG600 现场配线表

端子号	RTD or Resistance	TC/Voltage/Current	端子号	RTD or Resistance	TC/Voltage/Current
1		CJC1 IN+	19	Channel 1 EXC+	
2		CJC1 IN −	20	Channel 1 IN+	Channel 1 IN+
3	Channel 2 EXC+		21		Channel 1 iRTN
4	Channel 2 IN+	Channel 2 IN+	22	Channel 1 IN −	Channel 1 IN −
5		Channel 2 iRTN	23	Channel 3 EXC+	
6	Channel 2 IN-	Channel 2 IN −	24	Channel 3 IN+	Channel 3 IN+
7	Channel 4 EXC+		25		Channel 3 iRTN
8	Channel 4 IN+	Channel 4 IN+	26	Channel 3 IN −	Channel 3 IN −
9		Channel 4 iRTN	27	Channel 5 EXC+	
10	Channel 4 IN-	Channel 4 IN −	28	Channel 5 IN+	Channel 5 IN+
11	Channel 6 EXC+		29		Channel 5 iRTN
12	Channel 6 IN+	Channel 6 IN+	30	Channel 5 IN −	Channel 5 IN −
13		Channel 6 iRTN	31	Channel 7 EXC+	
14	Channel 6 IN-	Channel 6 IN −	32	Channel 7 IN+	Channel 7 IN+
15	Channel 8 EXC+		33		Channel 7 iRTN
16	Channel 8 IN+	Channel 8 IN+	34	Channel 7 IN −	Channel 7 IN −
17		Channel 8 iRTN	35		CJC2 IN+
18	Channel 8 IN-	Channel 8 IN −	36		CJC2 IN −

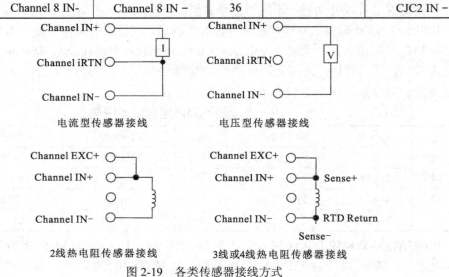

电流型传感器接线　　　　　电压型传感器接线

2线热电阻传感器接线　　　3线或4线热电阻传感器接线

图 2-19　各类传感器接线方式

2.3.4　PAC Systems RX3i 模拟量输出模块

模拟量输出模块提供易于使用的、用于控制过程的信号，例如流量、温度和压力控制等。常见模拟量 I/O 模块(输出)的基本参数如表 2-14 所示。

表 2-14　模拟量输出模块基本参数

型号	IC695ALG704	IC695ALG708
产品名称	PAC Systems RX3i 模拟量输出，电流/电压，4 个通道	PAC Systems RX3i 模拟量输出，电流/电压，8 个通道
模块类型	模拟量输出	模拟量输出
背板支持	仅限通用背板，使用 PCI 总线	仅限通用背板，使用 PCI 总线
模块在背板上占有的槽口数	1	1
诊断	高低报警，爬坡速率控制钳、过范围，欠范围	高低报警，爬坡速率控制钳、过范围，欠范围
范围	电流：0~20mA，4~20mA;电压：±10V，0~10V	电流：0~20mA，4~20mA;电压：±10V，0~10V
HART 支持	N/A	N/A
通道间隔离	N/A	N/A
通道数	4	8
更新速率	所有的通道均为 8ms	所有的通道均为 8ms
分辨率	±10V：15.9 位 0~10V：14.9 位 0~20mA：15.9 位 4~20mA：15.6 位	±10V：15.9 位 0~10V：14.9 位 0~20mA：15.9 位 4~20mA：15.6 位
精确度	25℃时精度在全量程的 0.15%之内，60℃时精度在全量程的 0.30%之内	25℃时精度在全量程的 0.15%之内，60℃时精度在全量程的 0.30%之内
最大输出负载	最大电流：850Ω，20V；最大电压 2kΩ(最小阻抗)	最大电流：850Ω，20V；最大电压 2kΩ(最小阻抗)
输出负载电容	最大电流：10μH；最大电压：1μF	最大电流：10μH；最大电压：1μF
外部电源要求	电压范围：19.2~30V 所需电流：160mA	电压范围：19.2~30V 所需电流：315mA
连接器类型	IC694TBB032 或 IC694TBS032	IC694TBB032 或 IC694TBS032
使用的内部电源	375 mA，3.3V(内部) 160 mA，24V(外部)	375 mA，3.3V(内部) 315 mA，24V(外部)

IC695ALG708 为 8 点 AO 模块，具有 16 位分辨率，每点均可独立设置为 −10V、0~10V、+10V 的电压输出通道，也可以独立设置为 4~20 mA、0~20 mA 的电流输出通道，输出信号可以选择为 16 位的整型量或 32 位的实型量;每点可设置工程单位浮点数输出，

并可设置高低限报警及变化速率高低限报警；可选择单端/差分输入模式，可选择
8/12/16/40/200/500 Hz 滤波等。IC695ALG708 的外观如图 2-20 所示。模块上有
"MOUDLE OK""FIELD STATUS""TB"三个 LED 指示灯，各灯不同状态的具体含
义如表 2-15 所示。

图 2-20　IC695ALG708 的外观

表 2-15　指示灯状态含义表

LED 灯	含　义
MODULE OK	绿灯常亮：模块正常并配置成功
	绿灯快闪：模块上电
	绿灯慢闪：模块正常但未配置
	绿灯熄灭：模块有错误或背板未上电
FIEDL STATUS	绿灯常亮：任何的使用通道无障碍，端子排正常，外部电源正常
	琥珀色和 TB 绿灯：端子排、通道至少有一个有错误或无外部电源接入
	琥珀色和 TB 红灯：终端块没有完全分开，外部电源仍在检测中
	熄灭和 TB 红灯：未检测到外部电源
TB	绿灯：端子排已安装好
	红灯：端子排未安装或安装不到位
	熄灭：无背板电源

　　在决定相关通道是电压输出还是电流输出时，要在软件中对相关通道进行设置。在
软件中，可单独将每个通道设置成"Disable Voltage""Disable Current""Voltage Out"
三种类型。例如，在将通道 1 设置为电流型输出时，可在软件中将通道 1 的参数设置栏
中的"Range Type"设置为"Disable Current"，这时从端子号 20、21 中取出的信号即
为电流信号。工作中在外部必须为模拟量输出模块提供 24 VDC 的电源。IC695ALG708
的端子配线如表 2-16 所示。

表 2-16　IC695ALG708 的端子配线表

端子号	4 通道模式含义	8 通道模式含义	端子号	4 通道模式含义	8 通道模式含义
1	Channel 2 Voltage Out		19	Channel 1 Voltage Out	
2	Channel 2 Current Out		20	Channel 1 Current Out	
3	Common(COM)		21	Common(COM)	
4	Channel 4 Voltage Out		22	Channel 3 Voltage Out	
5	Channel 4 Current Out		23	Channel 3 Current Out	
6	Common(COM)		24	Common(COM)	
7	No Connection	Channel 6 Voltage Out	25	No Connection	Channel 5 Voltage Out
8	No Connection	Channel 6 Current Out	26	No Connection	Channel 5 Current Out
9	Common(COM)		27	Common(COM)	
10	No Connection	Channel 8 Voltage Out	28	No Connection	Channel 7 Voltage Out
11	No Connection	Channel 8 Current Out	29	No Connection	Channel 7 Current Out
12	Common(COM)		30	Common(COM)	
13	Common(COM)		31	Common(COM)	
14	Common(COM)		32	Common(COM)	
15	Common(COM)		33	Common(COM)	
16	Common(COM)		34	Common(COM)	
17	Common(COM)		35	Common(COM)	
18	Common(COM)		36	External + Power Supply(+24V IN)	

2.4　PAC 特殊功能模块

2.4.1　串行总线传输模块

　　PAC Systerns RX3i 支持不同扩展,通过使用本地/远程扩展模块来优化系统配置,最多可以扩展到 8 个机架。串行总线传输模块提供 PAC 系统的 RX3i 通用背板(型号为 IC695)和串行扩展背板/远程背板(型号为 IC694 或者 IC693)的通信,可以将通用背板的信号转换成串行扩展背板需要的信号。串行总线传输模块必须安装在通用背板右端的、特殊的扩展连接器上。

　　串行总线传输模块 IC695LRE001 的外观如图 2-21 所示。

　　两个绿色的 LED 表明了模块的运行状态以及扩展连接状态。当背板 5V 电源加至该模块时,EXP OK LED 亮;当扩展模块与通用背板进行通信时,EXPANSION ACTIVE LED

亮。该模块不支持"热"插拔，在插拔之前必须断电。模块前端的连接器用于连接扩展电缆。需要注意在扩展背板带电的情况下，不允许插拔扩展电缆。

　　IC693CBL302 为带两个连接器的扩展电缆，内置终端电阻，可扩展一个背板，如图 2-22 所示。

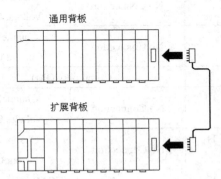

通用背板

扩展背板

图 2-21　串行总线传输模块 IC695LRE001 外观　　图 2-22　IC693CBL302 扩展一个背板

　　若要扩展多个(最多 7 个)需选用带 3 个连接器的扩展电缆 IC693CBL300、IC693CBL301 等，具体情况视距离而定。3 个连接器的扩展电缆没有终端电阻，在扩展系统的最后必须加入终端电阻器 IC693ACC307，如图 2-23 所示。

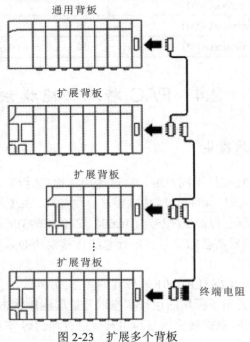

通用背板

扩展背板

扩展背板

扩展背板

终端电阻

图 2-23　扩展多个背板

2.4.2　PAC 高速计数器模块

高速计数器模块 IC694APU300(见图 2-24)，也作为开关量混合模拟模块，提供直接处理高达 80 kHz 的脉冲信号。IC694APU300 模块不需要与 CPU 进行通信就可以检测输入信号，处理输入计数信息，控制输出。高速计数器使用 16个字的输入寄存器，由 16 位开关量输入寄存器(%I)和 15 个字的模拟量输入寄存器(%AI)组成，每个 CPU 扫描周期更新一次。高速计数器同时还使用 16 位开关量输出寄存器(%Q)，同样每个扫描周期更新一次。

根据用户选择的计数器类型，输入端可以用作技术信号、方向、失效、边沿选通和预置的输入点，输出端可以用来驱动指示灯、螺线管、继电器和其他装置。12 个高速计数器输入点是单端的正逻辑型。输入设备介于正电源母线和模块输入端子之间。

图 2-24　高速计数器模块
IC694APU300 的外观

模块电源来自背板总线的+5 V 电压，输入和输出端设备的电源必须由用户提供，或者来自电源模块的隔离+24 VDC 的输出。该模块可以安装到 RX3i 系统中的任何 I/O 插槽。

模块也提供了选择输入信号阈值电压为 5 VDC 级或 10～30 VDC 级别的功能，可以通过在模块端子板上的阈值电压选择端子 TSEL(端子 15)间的连接跳线来选择 5 VDC 的阈值电压。如果阈值电压选择端子不安装跳线，则表明选了默认的 10～30 VDC 的输入电压范围。当选择 5 VDC 的输入范围(插脚 13 连到 15)时，不要在模块输入端连接 10～30 VDC 的电压，否则会损坏模块。

进行模块配置时，应首先选择计数类型。可供选择的类型有：

(1) 类型 A——选择 4 通道同样的、独立的简单计数器；

(2) 类型 B——选择 2 通道同样的、独立的较复杂计数器；

(3) 类型 C——选择 1 通道复杂计数器。

1. 类型 A 配置

当使用类型 A 的基本配置时，模块有 4 路独立的可编程上升或下降 16 bit 计数器，每个计数器都可配置为上升或下降计数。每个计数器有三个输入：1 个预设输入、1 个脉冲数输入和 1 个选通脉冲输入。另外，每个计数器都有一个输出，并可事先选择控制输出的开闭点。类型 A 计数器的原理如图 2-25 所示。

预设输入一般完成各自计数器的复位功能，默认预设值为 0，也可设为计数器计数范围内的任意值。每个计数器的选通输入同样是检测信号沿的，可以配置为上升沿有效或者下降沿有效。当选通信号激活时，累加器中的当前值将被存入相关的选通寄存器中，同时会给 CPU 一个选通标志告知 CPU 选通值已经存储，而且会一直保留直到被新的选通值覆盖。选通输入一旦激活，无论当前选通寄存器标志的什么状态，都会更新选通寄存器的值为最新的累加器值。选通输入一般使用 2.5 ms 的高频滤波器。预设输入和计数输入可以配置为都使用高频滤波器或 12.5 ms 的低频滤波器。累加器中的值可以被写入累加器修正值寄存器中修正，修正值是 − 128～+127 之间的任意值。修正值将被加到累加器中去。

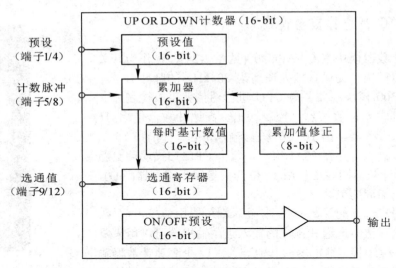

图 2-25　A 型计数器原理

2. 类型 B 配置

使用类型 B 配置时，模块具有两个独立的双向 32 bit 计数器，此时计数输入可被配置为 Up/Down、脉冲/方向或 AB 正交脉冲信号，按照计数类型 B 来配置。每个计数器都有完全独立的选通输入设置和选通寄存器，同时具有两个输出，每个输出都可事先设定开闭点。类型 B 配置也可以使输入无效暂停计数。类型 B 计数器原理如图 2-26 所示。

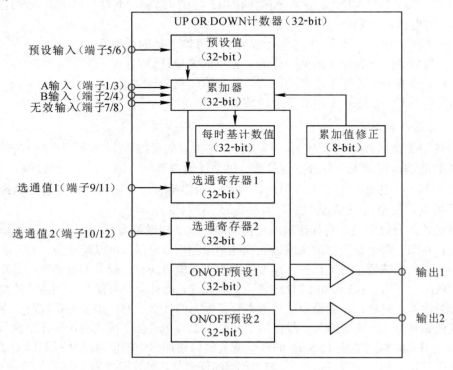

图 2-26　类型 B 计数器原理

3. 类型 C 配置

当使用类型 C 配置时，模块带有 4 个输出的 32 bit 计数器，每个输出都可事先设定开闭状态；有三个具有选通输入的选通寄存器，可有两个预设输入；具有原始位寄存器可记录原始位置的累积量。类型 C 的两个双向计数器输入可以被联合起来用作差动处理，每个输入都可被配置为 A Quad B、Up/Down 或 Pulse/Direction 方式。类型 C 配置很适用于动作控制、差动计算或自引导能力控制。类型 C 计数器原理如图 2-27 所示。

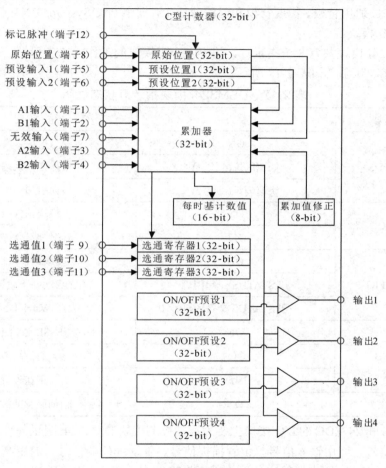

图 2-27　类型 C 计数器原理

无论选择哪种类型配置，在使用时应特别注意以下几点：

(1) 高速计数器模块必须用屏蔽电缆连接，电缆屏蔽必须满足 IEC 61000-4-4 标准，在模块 6 in(1 in=2.54 cm)范围内必须具有高频屏蔽接地。电缆线长度最长是 30 m；

(2) 所有 12 个高速计数器输入点是单端的正逻辑型输入点，带有 CMOS 缓冲器输出的传感器(相当于 74HC04)，能用 5 V 的输入电压直接驱动高速计数器输入；

(3) 使用 TTL 图腾柱或者开路集电极输出的传感器时，必须带有一个 470 Ω 的上拉电阻器(到 5 V)来保证高速计数器输入端的兼容性；

(4) 使用高压开路集电极型(漏型)输出的传感器时，必须带有一个 1 kΩ 的上拉电阻器到+12 V，用于兼容高速计数器 10～30 V 的输入电压范围。

2.4.3　PAC 运动控制模块

运动控制模块 DSM324i 通过极具抗噪干扰的光纤接口可以控制 4 轴的 βi、β HVi 或 αHVi 伺服系统，通过整合 GE Fanuc 的 PLC 和 HMI 以及伺服产品为客户提供一个完整的解决方案。PAC 运动控制模块集成度高，易于编程，开发周期短，可靠性高，在包装机械、传送带、龙门吊床、纺织机械、绕线机等行业均有应用。该模块可以安装到 RX3i 或 90–30CPU 通用背板、扩展背板和远程背板上，一个 PAC Systems RX3i 最多可安装 32 个 DSM324i 模块。

DSM324i 模块共有 8 个指示灯，其中 4 个为模块的工作状态指示灯，另外 4 个为轴状态指示灯，其含义如表 2-17 所示。

表 2-17　DSM324i 模块指示灯状态说明

指示灯	状态	说明
STATUS	ON	模块正常
	低速闪烁(4 次/s)	仅作错误状态指示
	快速闪烁(8 次/s)	错误引起伺服停止
OK	ON	模块正常指示
	OFF	硬件或软件故障
CONFIG	ON	已接收到模块的配置
	和 STATUS 一起闪烁	正在启动并下载运行程序
	和 STATUS 交替闪烁	发生 Watch Dog 故障
FSSB	ON	FSSB 通信正常
	OFF	通信故障
	闪烁	正在设置
1,2,3,4	ON	轴伺服驱动被使能

5 VDC 和 24 VDC 的 I/O 接口主要为运动控制模块 DSM324i 提供外部的零位开关信号、超程信号、通用输入信号、位置捕捉信号、辅助编码器信号、通用高速输入信号、模拟量输入、24 V 继电器输出信号、模拟量输出信号和 5 V 电源输出等。5 VDC 接口主要提供以下的 I/O 类型：

(1) 2 个 5 VDC 编码器电源；

(2) 2 个±10 V 的模拟输入或双 5V 的差分输入(AIN1_P～AIN2_P)；

(3) 8 路 5V 差分/单端输入(IN3IN10)；

(4) 4 路 5V 单端输出(OUT1OUT4)；

(5) 2 路±10 V 的单端模拟输出(VOUT_1VOUT_2)。

24 DC 接口主要提供以下的 I/O 类型：

(1) 为每轴提供 3 路(共 12 个)24 VDC 光隔离输入(IN11IN22)；

(2) 为每轴提供一个 24 V 的光隔离的 125 mA 固态继电器输出(OUT5～OUT8)。

本 章 小 结

　　本章主要介绍了可编程控制器的基本原理，包括 GE 智能平台的硬件组成、电源模块、CPU 模块、信号模块和特殊功能模块等。通过本章的学习，读者可掌握 PAC 硬件的基本知识，为以后的深入学习打下基础。

习 题

2.1　RX3i CPU 有几种类型？

2.2　一个机架最多支持几个模块？

2.3　一个 RX3i 系统最多支持多少个扩展机架？

2.4　电源模块通常安装在哪个插槽？

2.5　CPU 模块通常安装在哪个插槽？

2.6　电源模块 IC695PSD040 是否支持热插拔？

第 3 章

GE 智能平台编程软件 PME

GE PAC 编程采用通用的 Proficy Machine Edition(PME)软件平台，该平台提供了一个适用于逻辑程序编写、人机界面开发、运动控制及控制应用的通用开发环境。

3.1　PAC 编程软件概述

PME 是一个高级的软件开发和机器层面的自动化维护平台，提供集成的编程环境和共同的开发平台，能由一个编程人员实现人机界面、运动控制和执行逻辑的开发。PME 包含了若干软件产品的环境，每个软件产品都是独立的，但每个产品却是在相同的环境中运行。

PME 提供一个统一的用户界面、全程拖放的编辑功能以及多目标组件的编辑功能，在同一个项目中，用户自行定义的变量在不同的目标组件中可以相互调用。PME 内部的所有组件和应用程序都共享一个单一的工作平台和工具箱。一个标准化的用户界面会减少学习时间，而且新应用程序的集成不包括对附加规范的学习。

PME 可以用来组态 PAC 控制器、远程 I/O 站、运动控制器以及人机界面等，还可以创建 PAC 控制程序、运动控制程序、触摸屏操作界面等；可以在线修改相关运行程序和操作界面，还可以上传、下载工程，监视和调试程序等。PME 的组件包括以下几种：

(1) Proficy 人机界面组件。它是一个专门设计用于全范围的机器级别操作界面/HMI 应用的 HMI 组件。

(2) Proficy 逻辑开发器——PC。PC 控制软件组合了易于使用的特点和快速应用开发的功能。

(3) Proficy 逻辑开发器——PLC，可对所有 GE Fanuc 的 PLC、PAC Systems 控制器和远程 I/O 进行编程和配置。

(4) Proficy 运动控制开发器，可对所有 GE Fanuc 的 S2K 运动控制器进行编程和配置。

PME 软件启动后的组件如图 3-1 所示。

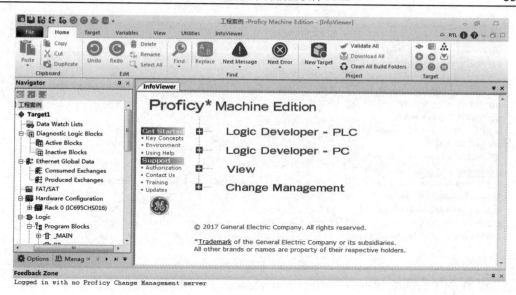

图 3-1　PME 软件启动后的组件显示

3.2　PAC 编程软件的安装

目前，PME 软件已经更新到 9.5 版本，本教材以 PME 9.5 为例介绍 PME 软件的安装过程。安装 PME 9.5 的计算机需要满足以下条件：

(1) 软件运行环境：Microsoft Windows XP (Service Pack 3)或者 Windows Vista, 7/8/10(32 位或 64 位)和 Microsoft .Net Framework 2.0。

(2) 硬件需要满足下列条件：500 MHz 基于奔腾的计算机(建议主频 1 GHz 以上)；128 MB RAM(建议 256 MB)；支持 TCP/IP 网络协议计算机；150～750 MB 硬盘空间，其中，200MB 硬盘空间用于安装演示工程(可选)，还需要一定的硬盘空间用于创建工程文件和临时文件。

安装时将 PME 安装光盘插入电脑的光驱中或在安装源文件中找到 Proficy ME 软件包(ISO 格式)名为"Proficy_ Machine_ Edition_ v9.50.0.7677_ English"，如图 3-2 所示。

PROFICY Machine Edition 9.50 SIM 2	2017\5\15 星期...	应用程序	77,641 KB
Proficy_Machine_Edition_v9.50.0.7677...	2017\5\15 星期...	光盘映像文件	1,581,696...
Proficy-Machine-Edition授权	2017\6\16 星期...	Microsoft Office...	32 KB
Proficy软件平台介绍(Total)	2017\5\4 星期四...	Microsoft Office...	14,639 KB

图 3-2　Proficy ME 软件包

具体安装操作步骤：

(1) 右键点击鼠标选择解压到 Proficy_ Machine_ Edition_ v9.50.0. 7677_English\(E)，如图 3-3 所示。

图 3-3　解压软件包

(2) 在解压后的文件夹中找到 "PeoficySetup.exe" 文件，鼠标双击打开，如图 3-4 所示。

Proficy Target Viewer	2017\7\14 星期...	文件夹	
AUTORUN	2016\10\21 星期...	安装信息	1 KB
ProficySetup.CHS	2016\10\21 星期...	CHS 文件	931 KB
ProficySetup.CS	2016\10\21 星期...	Visual C# Sourc...	933 KB
ProficySetup.DE	2016\10\21 星期...	DE 文件	933 KB
Proficysetup	2017\1\25 星期...	Language File - ...	951 KB
ProficySetup.ES	2016\10\21 星期...	ES 文件	933 KB
ProficySetup	2017\1\25 星期...	应用程序	1,625 KB
ProficySetup.FR	2016\10\21 星期...	FR 文件	934 KB
ProficySetup	2016\10\21 星期...	配置设置	1 KB
ProficySetup.IT	2016\10\21 星期...	IT 文件	933 KB
ProficySetup.JP	2016\10\21 星期...	JP 文件	932 KB

图 3-4　安装文件

(3) 在安装界面点击 "安装 Machine Edition"，如图 3-5 所示。

(4) 鼠标点击 "Install"，开始安装，如图 3-6 所示。

图 3-5　安装主界面

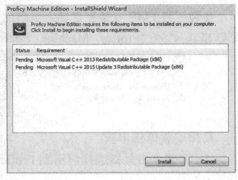

图 3-6　安装所需环境

PME 软件包含多个功能，安装时可选择是否需要这些功能，其中，选择"Logic Developer-PLC"是对 90 系列、PAC 系列 PLC 编程，选择"View"是对 QuickPanel 触摸屏组态和编程，如图 3-7 所示。

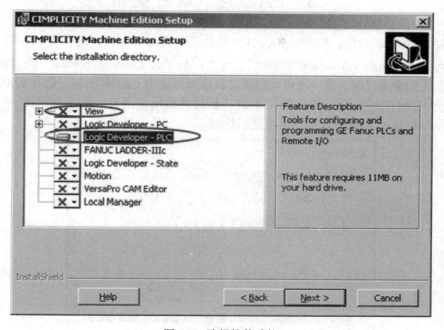

图 3-7　选择软件功能

安装完成后，系统会提示是否立即注册 PME 软件。

如果选择不注册，只有 4 天的试运行期，4 天过后，你仍然可以运行 PME，但受到如下限制：只能打开和浏览已创建的工程，不能编辑和下载程序。这时也可通过 "Program-Proficy Machine Edition-Product Authorization"运行 PME 的注册程序，输入必要的用户信息和产品序列号(Serial #)，产生 Site Code，从 GE Fanuc 获得 Authorization Code，输入后完成注册，如图 3-8 所示。

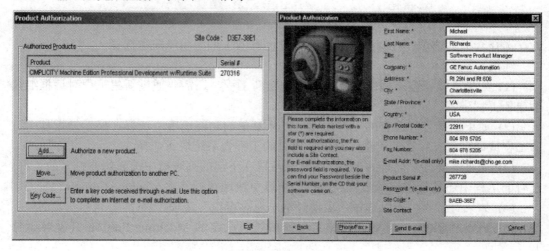

图 3-8　软件注册

注册完成，重启电脑后，PME 的整个安装过程就完成了。

3.3　PAC 编程软件使用

安装完 PME 软件后，从 Windows 开始菜单运行 PME，即"开始"→"所有程序"→"Proficy"→"Proficy Machine Edition"　→"🖾 Proficy Machine Edition"或者将此可执行标志发送到桌面快捷方式，便可直接通过鼠标双击桌面上的 🖾 图标，运行 PME 软件。

当 PME 软件打开后，出现 PME 软件工程管理提示界面，如图 3-9 所示。相关功能已经在图中标出，可以根据实际情况适当选择。

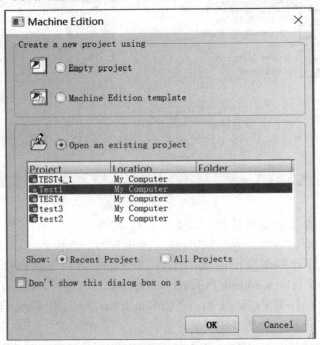

图 3-9　工程选择窗口

选择合适的选项，打开一个工程，打开已有的工程为系统缺省选择。

注意：

(1) 如果选择新建工程或者从模板中创建新工程，还需要通过新建工程对话框继续创建新工程进程。

(2) 如果选择打开已有的工程，就可以从菜单的功能选项中选择：显示最近使用过的工程或显示所有存在的工程，最近使用过的工程为系统缺省选择。

(3) 如果选择打开已有的工程，那么就可以在下部的列表框中选择想要打开的工程。已有的工程中还包括了演示工程和教程，可以更快地帮助熟悉 Machine Edition。

(4) 如果有必要，可以选择"启动时不出现此窗口"选项。

(5) 点击"OK"，设置选择的工程就按照所选定的 Machine Edition 开发环境打开了。

　　选择"Empty project"，点击"OK"建立一个空工程，程序会弹出如图 3-10 所示的新建工程对话框，在工程名处必须填写一个独一无二的名字，否则无法建立新工程。比如输入"产线控制"，点击"OK"，就成功地进入 PME 的主界面，如图 3-11 所示。

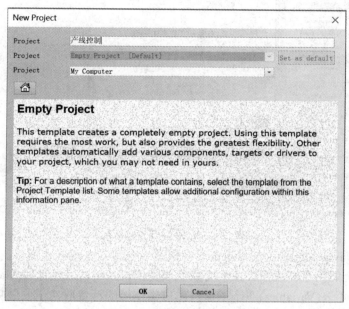

图 3-10　新建工程对话框

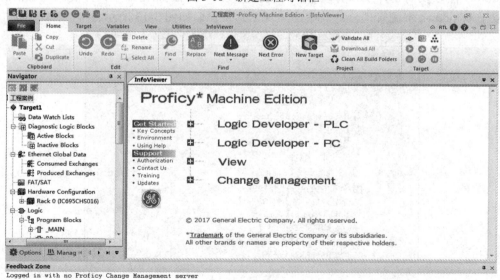

图 3-11　PME 主界面

PME 软件的工作界面、常用工具等如图 3-12 所示。

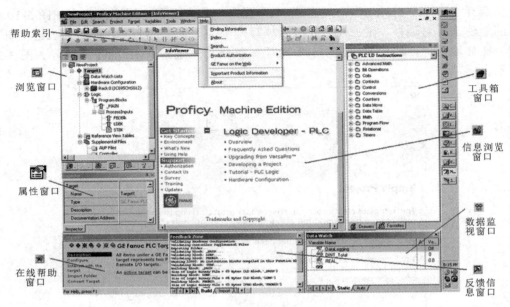

图 3-12　PME 软件工作界面

（1）浏览(Navigator)窗口。Navigator 窗口是一个含有一组标签窗口的停放工具视窗，它包含开发系统的信息和视图，主要有系统设置(Options)、工程管理(Manager)、项目工具(Project)、变量表(Variables)四个子窗口，可供使用的标签取决于安装哪一种 Machine Edition 产品以及需要开发和管理哪一种工作。每个标签按照树形结构分层次显示信息，类似于 Windows 资源管理器。其中，项目工具子窗口如图 3-13 所示。

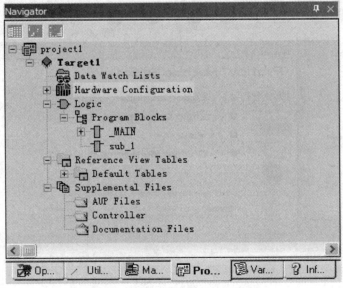

图 3-13　项目工具(Project)子窗口

（2）属性(Inspector)窗口。Inspector 窗口列出了已经选择的对象或组件的属性和当前设置，可以直接在其中编辑这些属性。若同时选择了几个对象，则属性窗口将列出它们的公共属性，如图 3-14 所示。

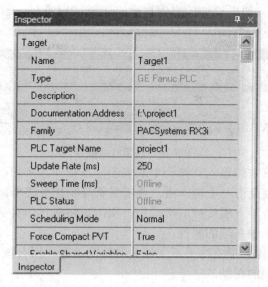

图 3-14　Inspector 窗口

通过属性窗口，可以对全部对象的属性进行查看和设定。打开属性窗口，需要执行以下各项操作：从工具菜单中选择 Inspector→点击工具栏的 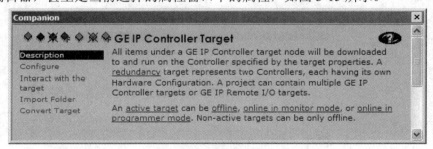→从对象的快捷菜单中选择 Properties。属性窗口的左边栏显示已选择对象的属性，右边栏进行编辑和查看设置。红色显示的属性值是有效的，黄色显示的属性值在技术上是有效的，但可能会产生问题。

(3) 在线帮助(Companion)窗口。Companion 窗口为工程设计提供有用的提示和信息。当在线帮助打开时，它对 Machine Edition 环境下当前选择的任何对象都提供帮助，可能是浏览窗口中的一个对象或文件夹，也可能是某种编辑器，例如 Logic Developer-PC's 梯形图编辑器，甚至是当前选择的属性窗口中的属性，如图 3-15 所示。

图 3-15　在线帮助窗口

在线帮助内容往往是简短和缩写的，如果需要更详细的信息，可点击在线帮助窗口右上角的 按钮，主要帮助系统的相关主题将在弹出的信息浏览窗口中打开。

有些在线帮助窗口在左边栏中包含主题或程序标题的列表，点击一个标题就可以获得持续的简短描述。

(4) 反馈信息(Feedback Zone)窗口。Feedback Zone 窗口是一个用于显示由 Machine Edition 环境生成的几种类型输出信息的窗口，是一个交互式的窗口如图 3-16 所示。这种交互式的窗口使用类别标签组织产生的输出信息，如果需要特定标签的更多信息，可选中标签并按 Fl 键。如果反馈信息窗口太小不能同时看到全部标签时，可以使用工具窗口底部的按钮使它们卷动。

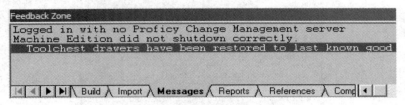

图 3-16　反馈信息窗口

反馈信息窗口标签中的输入支持一个或多个基本操作，例如：

• 右键点击：右键点击一个输入项，该项目就显示指令菜单。

• 双击：如果一个输入项支持双击操作，双击它将执行项目认为是默认操作。例如打开一个编辑器和显示输入项的属性。

• 按 Fl 键：如果输入项支持上下文相关的帮助主题，那么按 Fl 键，在信息浏览窗口中就显示有关输入项的帮助。

• 按 F4 键：如果输入项支持双击操作，那么按 F4 键，输入项循环通过反馈信息窗口，就如同双击了某一项。若要显示反馈信息窗口中以前的信息，按 Ctrl 十 Shift+F4 组合键即可。

• 选择：有些输入项被选中后更新其他工具窗口，如属性窗口、在线帮助窗口或反馈信息窗口。点击一个输入项，选中它，再点击工具栏中的复制按钮，将在反馈信息窗口中显示的全部信息复制到 Windows 中。

(5) 数据监视(Data Watch)窗口。Data Watch 窗口是一个调试工具，通过它可以监视变量的数值，当在线操作一个对象时它是一个很有用的工具，如图 3-17 所示。

使用数据监视工具可以监视单个变量或用户定义的变量表。监视列表可以被输入、输出或存储在一个项目中。

图 3-17　数据监视窗口

数据监视工具至少有三个标签：

① Static Tab(静态标签)，包含用户添加到数据监视工具中的全部变量。

② Auto Tab(自动标签)，包含当前在变量表中选择的或与当前选择的梯形逻辑图中的指令相关的变量，最多可以有 50 行。

③ Watch List Tab(监视表标签)，包含当前选择的监视表中的全部变量。监视表用于创建和保存要监视的变量清单。利用程序可以定义一个或多个监视表，但是，数据监视工具在一个时刻只能监视一个监视表。

　　数据监视工具中变量的基准地址(简称为地址)显示在 Address 栏中，一个地址最多具有 8 个字符(例如% AQ99999)。

　　数据监视工具中变量的数值显示在 Value 栏中。如果要在数据监视工具中添加变量之前改变数值的显示格式，可以使用数据监视属性对话框或用鼠标右键点击变量。

　　数据监视属性对话框：若要配置数据监视工具的外部特性，用鼠标右键点击并选择 DataWatch Properties。

　　(6) 信息浏览(InfoViewer)窗口。InfoViewer 窗口是 Machine Edition 的帮助系统，是一个集成的显示引擎和 Web 网络浏览器。

　　信息浏览窗口有它自身的信息浏览工具栏，允许在帮助系统中移动查找。如果要获得 Machine Edition 帮助系统的更多的寻找信息，可使用帮助中的寻找信息功能。信息浏览窗口如图 3-18 所示。

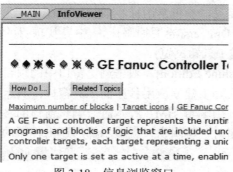

图 3-18　信息浏览窗口

　　(7) 工具箱(Toolchest)窗口。Toolchest 窗口是功能强大的设计蓝图仓库，可以把它添加到项目中去，也可以把大多数项目从工具箱直接拖动到 Machine Edition 编辑器中，如图 3-19 所示。

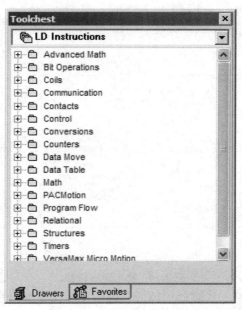

图 3-19　工具箱窗口

一般而言,工具箱中储存有三种蓝图:

① 简单的或"基本"设计图,例如梯形逻辑指令、CFBS(用户功能块)、SFC(程序功能图)、指令和查看脚本关键字。简单的蓝图位于 Ladder、View Scripting 和 Motion 绘图抽屉中。

② 完整的图形查看画面,可查看脚本、报警组、登录组和用户 Web 文件。这一类蓝图可以拖动到浏览窗口的项目中去。

③ 项目使用的机器、设备和其他配件模型,包括梯形逻辑程序段和对象的图形表示以及预先配置的动画。

存储在工具箱内的机器和设备模型被称作 fxClasses。fxClasses 可以用模块化方式来模拟过程,其中较小型的机器和设备能够组合成大型设备系统,详情见工具箱 fxClasses。

如果需要重复使用设置相同的 fxClasses,可将 fxClasses 加入到经常用到的标签中。有关常用工具箱的更多信息,参见常用标签(Toolchest)。

如果要在工具箱的 Drawers(绘图抽屉)标签中寻找项目的信息,可参见 Navigating throughthe Toolchest(通过工具箱浏览)。

(8) 编辑器窗口(Machine Edition)。双击浏览窗口中的项目,即可开始操作编辑器窗口。Editor Windows 是实际上建立应用程序的工具窗口,其运行和外部特征取决于要执行的编辑的特点。例如,当编辑 HM1 脚本时,编辑窗口的格式就是一个完全的文本编辑器;当编辑梯形图逻辑时,编辑窗口就显示梯形逻辑程序的梯级,如图 3-20 所示。

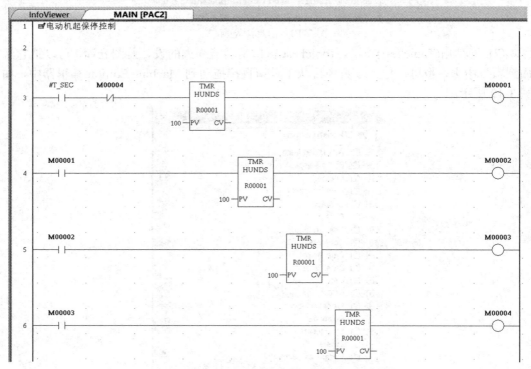

图 3-20　梯形图编辑窗口

可以像操作其他工具一样移动、停放、最小化和调整编辑窗口的大小,但是,有些编辑窗口不能直接关闭,只有当关闭项目时编辑窗口才会消失。

　　虽然可以将对象从编辑窗口拖入或拖出，但允许的拖放操作取决于确切的编辑器。例如，将一个变量拖动到梯形图逻辑编辑窗口中的一个输出线圈中，就是把该变量分配给这个线圈。

　　可以同时打开多个编辑窗口，也可以使用窗口菜单在窗口之间相互切换。

3.4　PME 工程建立

　　PME 对每个控制任务都是按照一个工程(Project)模式进行管理。控制任务中如果含有多个控制对象，比如既有 PLC 又有人机界面(HMI)等，它们在一个工程中是作为多个控制对象(Target)分别进行管理。因此，在创建一个工程前，需要知道该工程主要包含哪些类型的控制对象以及工程中将要使用的 PLC 类型。在 PME 中建立工程的步骤：

　　(1) 启动 PME 软件，通过 File 菜单，选择"New Project"，或鼠标点击 File 工具栏中新建按键，出现如图 3-21 所示的新建工程对话框。

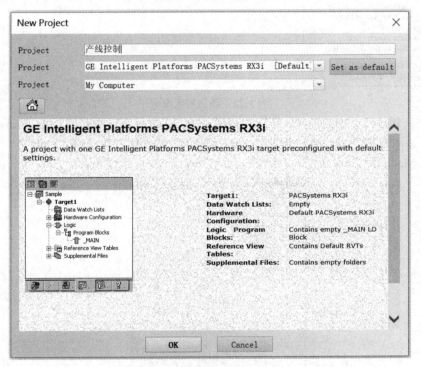

图 3-21　新建工程对话框

　　在图 3-21 对话框的第一行中输入工程名，比如"产线控制"；在第二行中选择所使用的工程模板，如选择控制器为"PAC Systems RX3i"；对话框的下面给出了所设置工程的基本信息以及基本结构，最后点击"OK"，设置的工程就在 Machine Edition 的环境中被打开。

(2) 给工程添加对象，比如 PAC Systems RX3i。鼠标右键单击工程名"产线控制"，选择"Add Target"→"GE Intelligent Platforms Controller"→"PAC Systems RX3i"添加控制对象，如图 3-22 所示。工程中不同的对象都可以通过这种方法添加。

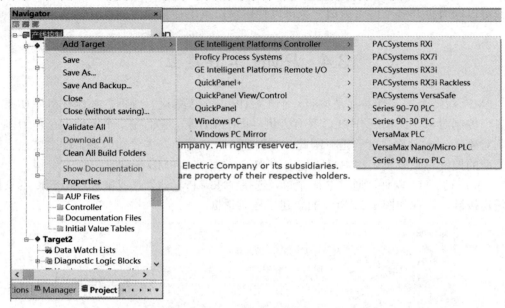

图 3-22　添加对象菜单

编辑一个已有工程的步骤：打开工程浏览窗口，选择对话框最下面的 Manager 标签，窗口中将显示工程列表，再选择要打开的工程，单击鼠标右键选择"Open"，这样工程就被装入 Machine Edition 中，并随时可以被编辑，如图 3-23 所示。

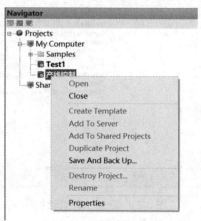

图 3-23　工程管理编辑窗口

还可以将其他程序文件转换到 Machine Edition 中，具体步骤如下：

① 打开工程浏览窗口，选择 Project 标签栏。

② 选择想使用的目标。

③ 鼠标右键单击想使用的目标，选择 Import，再选择被转换工程的类型。

④ 在选择文件对话框中鼠标双击需要转换的文件。

3.5　PME 硬件组态

PLC 逻辑开发器(Logic Developer-PLC)支持 6 个系列的 GE Fanuc 可编程控制器(PLC)和各种远程 I/O 接口以及各种 CPU、机架和模块。为了使用这些产品，必须通过 Logic Developer-PLC 或其他的 GE Fanuc 工具对 PLC 硬件进行组态。Logic Develop—PLC 的硬件组态(HWC)组件为设备提供了完整的硬件配置方法。

CPU 在上电时检查实际的模块和机架配置，并在运行过程中定期检查。实际的配置必须与程序中的硬件组态一致，两者之间的配置差别作为配置故障报告给 CPU 报警处理器。

硬件组态按照系统背板上模块安装位置进行，针对典型的 PAC Systems RX3i 系统，硬件组态步骤如下：

(1) 在工程浏览窗口选中相应工程，鼠标单击"Hardware Configuration"前面的"+"号，再单击"Rack O(IC695CHS012)"项前面的"+"号展开菜单，如图 3-24 所示。

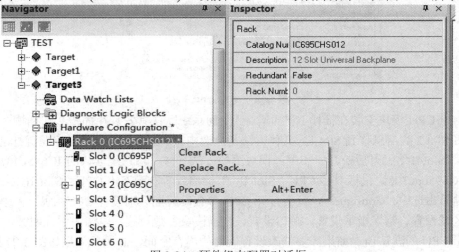

图 3-24　硬件组态配置对话框

新建立项目的硬件配置通常已包含了一部分内容，如一个底板、一个交流电源及一个 CPU 等，对于 PAC Systems RX3i 系统来说，由于各模块在底板上可以插入任何一个插槽，因此在进行硬件配置时需按实际情况进行对应配置。根据实际机架上的模块位置，鼠标右键单击各 Slot 项，选择"Replace Module"或"Add Module"，增加或者替换模块。在弹出的模块目录对话框中选择相应的模块并添加。

硬件组态所选择的硬件是以实验仿真墙中 GE PAC 的硬件配置为依据。当配置的模块有红色叉号提示符时，说明当前的模块配置不完全，需要对模块进行修改。双击已经添加在机架上的模块，对模块进行详细配置，在图 3-24 右侧的详细参数编辑器中进行参数配置。

(2) 电源模块的配置(型号为 IC695PSD040)。系统默认的电源模块为 IC695PSA040，根据实际硬件配置，鼠标右键单击"Slot 0"项弹出菜单，再单击"Replace Module"项，在弹出的"Catalog"对话框中，选中"IC695PSD040"，单击"OK"按钮即可实现电源模块的替换，如图 3-25 所示。

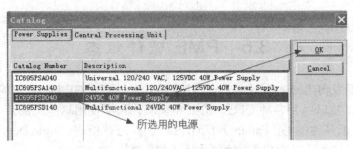

图 3-25　电源模块"Catalog"对话框

(3) CPU 模块的配置(型号为 IC695CPE305)。用鼠标右键单击"Slot1( )",选择"Add Muddle",然后在"Central Processing Unit"中选中模块"IC695CPE305",用鼠标双击或者再点击"OK",如图 3-26 所示。

Catalog Number	Description
IC695CPE 305	PACSystems RX3i Single Slot CPU 5 MB w/ Ethernet
IC695CMU310	PACSystems RX3i MaxOn CPU
IC695CPU310	PACSystems RX3i CPU 10 MB
IC695CPE310	PACSystems RX3i CPU 10 MB w/ Ethernet
IC695CPU315	PACSystems RX3i 1000MHz Celeron-M CPU 20 MB
IC695CPU320	PACSystems RX3i 1000MHz Celeron-M CPU 64 MB
IC695CPE330	PACSystems RX3i 1GHz Redundancy CPU 64 MB w/Ethernet
IC695CRU320	PACSystems RX3i 1000MHz Celeron-M Redundancy CPU 64 MB
IC695CRU320QP	PACSystems RX3i 1000MHz Celeron-M Quad Redundancy CPU ...
IC695NIU001	PACSystems RX3i NIU

图 3-26　配置 CPU 模块

由于 CPU 模块安装在插槽 1 和插槽 2 上,而系统默认其安装在插槽 2 和插槽 3 上,所以要将 Slot 2 的信息移到 Slot 1,具体方法是:选中"Slot 2( )",点击鼠标左键拖动"Slot 2"到"Slot 1"上方后松开。和电源模块更换方法一样,将系统默认的 IC695CPU310 更换为 IC695cpu305。鼠标双击 CPU"Slot 1( )"插槽或者右键双击 CPU"Slot 1( )"插槽或者右键单击选中"Configure",就会打开 CPU 参数设置框分别设置 CPU 常规、扫描设置、存储区域设置、错误指示设置、端口设置、扫描模块参数设置、电源使用说明等,一般可以采用 CPU 的默认值。如果需要修改设置硬件的内存空间,修改后效果如图 3-27 所示。

Settings | Scan | Memory | Faults | Port 1 | Port 2 | Scan Sets | Power Consumption

Parameters	
--- Reference Points ---	
%I Discrete Input	32768
%Q Discrete Output	32768
%M Internal Discrete	32768
%S System	128
%SA System	128
%SB System	128
%SC System	128
%T Temporary Status	1024
%G Genius Global	7680
Total Reference Points	107520
--- Reference Words ---	
%AI Analog Input	640
%AQ Analog Output	640
%R Register Memory	1024
%W Bulk Memory	0
Total Reference Words	2304

图 3-27　CPU 模块参数设置对话框

(4) 以太网模块的配置(型号为 IC695ETM001)。为了通过以太网进行上位机和 PAC 之间的通信，必须给组态配置以太网模块。鼠标右键单击"Slot 2( )"，在弹出的菜单中选择"Add Module"项，在弹出的"Catalog"对话框中，选中"Communications"选项卡，选择模块"IC695ETM001"，如图 3-28 所示。

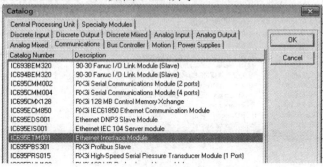

图 3-28　选择以太网模块对话框

以太网模块必须正确配置 IP 地址、状态字的起始地址才能正常工作。用鼠标双击插槽中的模块"(0.2)IC695ETM001[PAC1]"，弹出以太网参数设置窗口。选择"Settings"选项卡，在"IP Address"参数栏输入 IP 地址，比如"192.168.1.3"，即可正确设置 IP 地址，如图 3-29 所示。

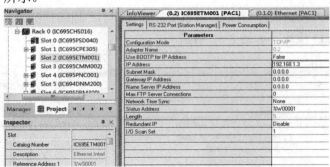

图 3-29　以太网模块参数设置对话框

(5) 串行通信模块(IC695CMM002)：用鼠标右键点击"Slot 3( )"，选择"Communications"标签，选中"IC695CMM002"再点击"OK"，具体配置如图 3-30 所示。

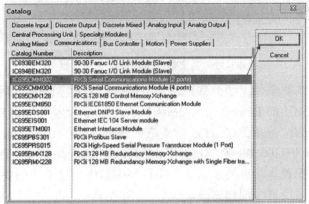

图 3-30　串行通信模块设置对话框

(6) PROFINET 总线控制器模块(IC695PNC001)：用鼠标双击 Slot 4( )，选择"Bus Controller"，选中"IC695PNC001"再点击"OK"，如图 3-31 所示。

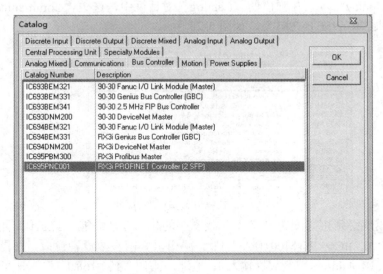

图 3-31　PROFINET 总线控制器模块选择

(7) 数字量输入模块的配置(型号为 IC694MDL645)。用同样的安装方法在 Slot 6 中添加 IC694MDL645 模块，如图 3-32 所示。

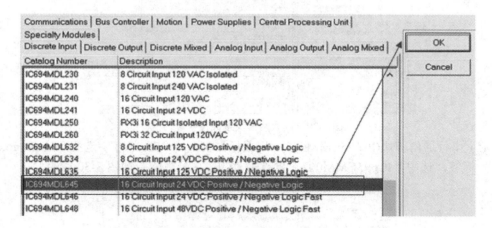

图 3-32　数字量输入模块配置对话框

数字输入模块需要配置起始偏移地址。用鼠标双击此模块弹出参数编辑窗口，如图 3-33 所示。可将该模块的 Reference Address(I/O 口地址)设置为%I00105，即数字模拟输入模块的 Button1 的按钮开关在 CPU 中对应的地址为%I00105，Button2 的按钮开关在 CPU 中对应的地址为%I00106 等，共占用以%I00105 为起始的 16 个连续的存储区域。数字量输入模块的配置非常重要，它决定了程序编写中地址的正确使用。这些地址可以根据所需要的硬件系统自行规划修改。

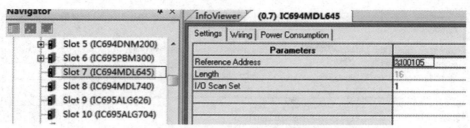

图 3-33　配置数字量输入模块起始地址

(8) 数字量输出模块的配置(型号为 IC694MDL740)。鼠标右键单击"Slot 7( )"，在弹出的菜单中选择"IC694MDL740"项，在弹出的"Catalog"对话框中，选中"Discrete Output"选项卡，选择模块"IC694MDL740"，如图 3-34 所示。

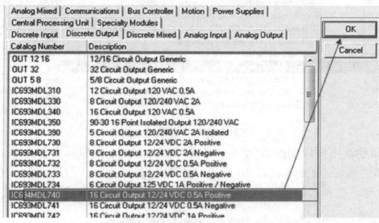

图 3-34　数字量输出模块配置对话框

数字量输出模块同样需要配置起始偏移地址。用鼠标双击此模块，弹出参数编辑窗口，如图 3-35 所示。可将该模块的 Reference Address(I/O 口地址)设置为%Q00105，即数字输出模块的第一个输出点在 CPU 中对应的地址为%Q00105，第二个输出点对应的地址为%Q00106 等，由于数字量输出模块 IC694MDL740 带有 16 路的输出，所以在 CPU 中共占用以%Q00105 为起始的 16 个连续的存储区域。数字量输出模块配置非常重要，它决定了程序编写中地址的正确使用，操作者可以根据需要自行修改。

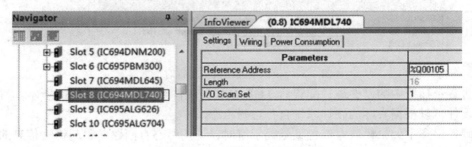

图 3-35　配置数字量输出模块的起始地址

(9) 模拟量输入模块的配置(型号为 IC695ALG608)。用鼠标右键单击"Slot 8( )"，在弹出的菜单中选择"IC695ALG608"，在弹出的"Catalog"对话框中，选中"Analog Input"选项卡，选择模块"IC695ALG608"，如图 3-36 所示，单击"OK"按钮返回。

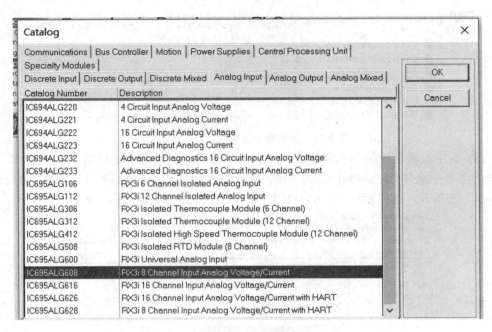

图 3-36　模拟量输入模块配置对话框

(10) 模拟量输出模块的配置(型号为 IC695ALG704)。用鼠标右键单击 "Slot 9( )"，在弹出的菜单中选择 "IC695ALG704" 项，在弹出的 "Catalog" 对话框中，选中 "Analog Output" 选项卡，选择模块 "IC695ALG704"，如图 3-37 所示，单击 "OK" 按钮返回。

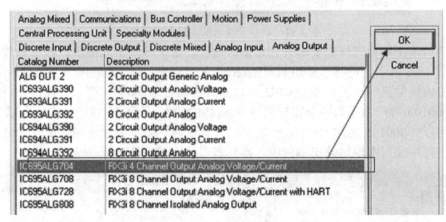

图 3-37　模拟量输出模块配置对话框

对各个插槽中的硬件进行配置后，GE PAC 的硬件组态配置如图 3-38 所示。每个插槽的硬件可以根据实际的硬件系统自行选择组态。

硬件组态中如果模块有红色叉号提示符时，说明组态有问题。引起错误信息的原因有以下几种：

① 以太网模块 IP 地址没有正确设置。

② 模块的存储区地址空间发生冲突。

③ CPU 设置的存储空间不能满足所有模块各存储空间分配。

④ 需要注意,在硬件组态时,应用系统中暂时不用的模块可以不添加,如果添加则必须配置正确。

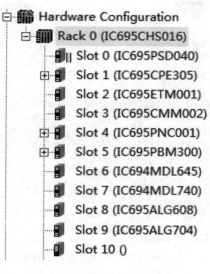

图 3-38　硬件组态配置完成

3.6　PME 程序编写

PAC Systems 支持多种编程语言,包括梯形图、语句表、C 语言、FBD 功能块图、用户定义功能块、ST 结构化文本等,较为常见的为梯形图编程语言。每个逻辑块和用户程序是 PLC 执行代码的一个部分,逻辑块可以放在程序块文件夹的用户自定义文件夹下,但用 C 语言编写的程序只能放在主逻辑文件夹下。

每个对象 Target 必须有一个_MAIN 的主用户程序,除系列 90TM-70PLC firmware 版本 6 以上外,其余 GE Fanuc PLC 中,程序总是首先执行主程序_MAIN。除_MAIN 模块外,其他程序块可定义为时间中断或 I/O 中断,而不同的 PLC 支持不同的中断类型。

注意:系列 90TM-70 PLC firmware 版本 6 以上,LD 程序能自定义执行方式,只有系列 90 TM-70 PLC 不需要首先执行_MAIN LD 主程序块。

3.6.1　创建用户自定义文件夹

创建用户自定义文件夹的步骤:

(1) 在工程浏览窗口的工程标签中,展开用户组态对象 Target 中的逻辑文件夹——Logic 文件夹。

(2) 用鼠标右击程序块文件夹,指向"New"并选择文件夹"Folder",就生成一个新的用户定义的文件夹,如图 3-39 所示。

(3) 可以输入文件夹名,注意文件夹名在程序文件夹中必须是唯一的。

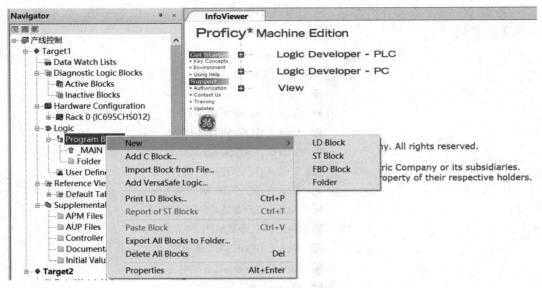

图 3-39　创建用户自定义文件夹

3.6.2　定义逻辑块执行方式

定义逻辑块执行方式的步骤：

(1) 在工程浏览窗口的工程标签中，用鼠标右键点击逻辑文件夹中已建立的 LD、C 或 IL 块，选择属性 Properties。逻辑块的属性显示在"Inspector"中，如图 3-40 所示。

(2) 在逻辑块的属性窗"Inspector"中，点击时序"Scheduling"特性栏，选择⊞按钮，设置组态时序"Scheduling"特性栏中各列参数即可设定逻辑块的执行方式。

(3) 在如图 3-40 所示的逻辑块属性设置对话框中，还可以展开保护设置"Lock Settings"特性栏进行块的保护设置，也可以选择密码保护并输入密码，以防止别人打开程序并复制程序，从而保护知识产权。

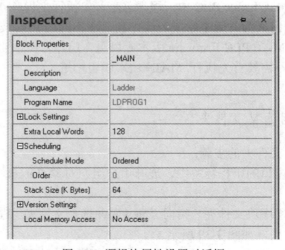

图 3-40　逻辑块属性设置对话框

3.6.3　梯形图编辑器(LD EDITOR)

梯形图(Ladder Diagram，LD)编辑器是用于创建梯形图编程语言的程序，以梯形逻辑图显示 PLC 程序执行过程。LD 的区段对应继电器的梯级(rung)，一个指令和其参数占有一个或几个区段。在 LD 编辑器中可离线编辑用户程序和在线监控编辑用户程序，其界面可以根据每个人的爱好来设定。

一个 LD 程序块编辑下载到 PLC 中运行，对于 GE Fanuc 的 PAC Systems，支持的最大 LD 程序块数量为 512 个，包括 511 个子程序块和 1 个_MAIN 块，其中，_MAIN 为主程序，其他子程序块必须在主程序中被调用，或通过中断方式被调用。子程序共有三种类型：无参数子程序块(Block)、带参数子程序(PSB)和功能块(Function Block)。

1)　自定义 LD 编辑器

可以根据个人编程喜好进行梯形图编辑器工作环境的设置，具体步骤如下：

(1) 在浏览窗口的可选项 Option 标签中，打开 Editors 文件夹，选择"Ladder"。

(2) 鼠标右键点击"Ladder"文件夹，选择属性"Properties"。已组态的 LD 设置将在属性窗 Inspector 中显示。

(3) 在属性窗 Inspector 中，按个人要求进行相关设置。

2)　创建 LD Block

(1) 在浏览窗口的工程标签中，打开用户要组态对象 Target 中的逻辑文件夹 Logic 文件夹，鼠标右击程序块，点击"New"，选择"LD Block"，创建一个新的 LD Block。

注意：如果新建一个对象 Target 或用模板建立对象 Target，缺省添加的第一个块是_MAIN 主程序块，子程序缺省名为 LDBK1、LDKK2 等

(2) 鼠标右键选中建立的程序块，在弹出的快捷菜单中可以重新定义程序块名。

3)　编辑 LD Block

在浏览窗口的工程标签中，鼠标双击"LD Block"，在 LD 编辑器中打开。也可以在编辑器中打开多个程序块，选择编辑器下部的按钮可切换显示程序块。将 LD 编辑器与 PLC 之间未建立实时通信的方式称为离线工作方式，一般用户程序开发都是在离线方式下进行的。此处重点以按钮控制指示灯梯形图为例介绍如何进行程序的录入。

(1) 鼠标双击"_MAIN"主程序，进行主程序段编程。在上方主菜单中选择"PLC Ladder"，在右侧选择所需指令，如图 3-41 所示。

(2) 使用梯形图指令菜单，鼠标单击指令按钮拖到编辑区即可。比如单击梯形图工具栏中的 ⊣⊢ NOCON 按钮，选择一个常开触点。

(3) 在 LD 编辑器中，点击一个单元格(新指令占有的左上角单元格)，在 LD 逻辑中就会出现与被选择工具栏按钮相应的指令，如图 3-42 所示。按 Esc 键可以返回到常规编辑状态。

(4) 单击连线及其他指令完善梯形图，连线的方向取决于点击时鼠标指针光标线的方向。输入常开触点所对应的地址：鼠标双击常开触点，输入地址，可以输入地址的全称 I00105，也可以采用倒装的方式简写为 105i，系统将会自动换算为%I00105，然后按回车键确认即可，如图 3-43 所示。

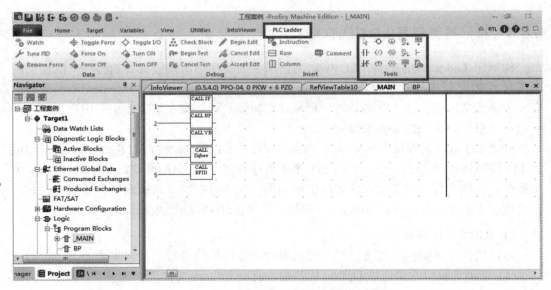

图 3-41　梯形图指令菜单

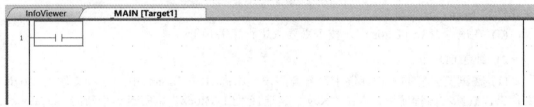

图 3-42　添加梯形图指令

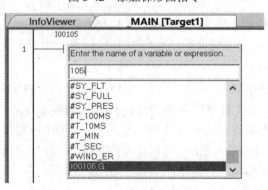

图 3-43　指令地址输入对话框

按照同样的方法输入其他梯形图指令的地址。完善后的按钮控制指示灯梯形图如图 3-44 所示。

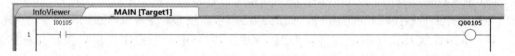

图 3-44　按钮控制指示灯梯形图

输入梯形图指令除了快捷菜单之外，还可以用鼠标单击工具栏中的"Toolchest"，选择相关的指令进行编程，如图 3-45 所示。

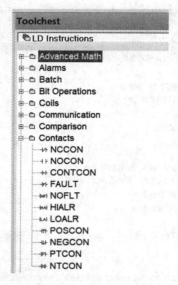

图 3-45　工具箱指令集

还可以在 LD 编辑器中右击空区段，选择"Place Instruction"，弹出智能指令表。智能指令表列出了所有可用的指令助记符，在其中选择一个指令，按回车键也可以输入相关的指令。

3.7　PME 通信建立与程序下载

PAC 参数、程序在 PME 环境中编写完成后，需要写入 PAC 的内存中，也可以将 PAC 内存中原有的参数、程序读取出来进行阅读和修改，但需要使用上传/下载功能。PME 与 PAC 之间可采用串口通信或者以太网通信两种方式。以太网方式较为方便，RX3i 的 PLC、PC 和 HMI 之间采用工业以太网通信。在首次使用、更换工程或丢失配置信息时，以太网通信模块的配置信息需重设。重新设置时可以先设置临时 IP 地址，并将此 IP 地址写入 RX3i，供临时通信使用；然后通过写入硬件配置信息的方法设置"永久"IP 地址。在 RX3i 保护电池未失效，或将硬件配置信息写入 RX3i 的 Flash 后，即使断电也可保留硬件配置信息，包括设置的"永久"IP 地址信息。

以太网通信方式的连接主要分为设定本机 IP 地址、设定临时 IP 地址、设置工程中 Target 的属性、下载并运行程序四个步骤，具体的操作如下：

(1) 建立运行 PME 软件的 PC 机和 PAC 之间的网络硬件连接，即用网线连接 PC 机的网卡接口和 PAC 的以太网通信模块 IC695ETM001 的网口，同时保证 PC 机和 PAC 都处于开机运行状态。如果 IC695ETM001 模块网线插口上的 LINK 指示灯亮，则表明网线电路连通。

(2) 配置 PC 机网卡的 IP 地址，如图 3-46 所示。PC 机对应网卡的 IP 地址与 PAC 以太网通信模块的地址必须处于同一网段内但不能相同，以防止 IP 地址冲突。比如 PC 机 IP 地址设为"192.168.1.20"，则可以将 PAC 以太网 IP 地址设为"192.168.1.90"。

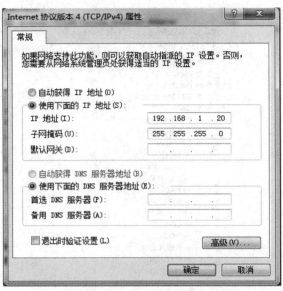

图 3-46　配置 PC 机的 IP 地址

(3) 将 PAC 中 CPU 模块上的模式选择开关置于"STOP"位置。

(4) 在 PME 软件中选择 Utilities 菜单，打开后用鼠标双击 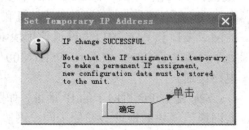 "Set Temporary IP Address"按钮设定临时 IP。在系统弹出的设定临时 IP 地址对话框中，把以太网通信模块 IC695ETM001 上的 MAC 地址编号(共 12 位号码，可在模块表面看到)输入到"MAC Address"地址框中，并在"Enter IP address using"框中输入 RX3i 系统配置的 IP 地址，比如"192.168.1.3"，这个地址一定要和在硬件组态中以太网模块属性设置中的地址一致，即图 3-29 中出现的 IP 地址。以上区域都正确配置之后，单击"Set IP"按钮进行设置，完成这个过程需要等待 30～45s，如图 3-47、图 3-48 所示。

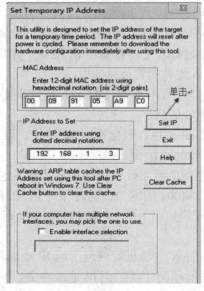

图 3-47　设置 RX3i 控制器的临时 IP 地址　　　　图 3-48　临时 IP 地址设置成功

注意：在设定临时 IP 地址时，一定要分清 PAC、PC 机和触摸屏三者间的 IP 地址的关系，要在同一 IP 地址段，而且两两不可以重复。

可在 Windows 桌面鼠标单击"开始"→"运行"，打开"运行"对话框，输入"cmd"命令，单击"确定"按钮，然后在 DOS 操作界面中，输入"ping 192.168.1.3"，再按回车键即可进行网络检查。图 3-49 所示为 IP 通信正常。

图 3-49　电脑测试 IP 正常通信

(5) 网络连接成功后，即可进行程序下载。鼠标单击 Target 菜单中的 图标编译程序，进行信息校对和代码编译，检查当前标签内容是否有语法错误，如图 3-50 所示。

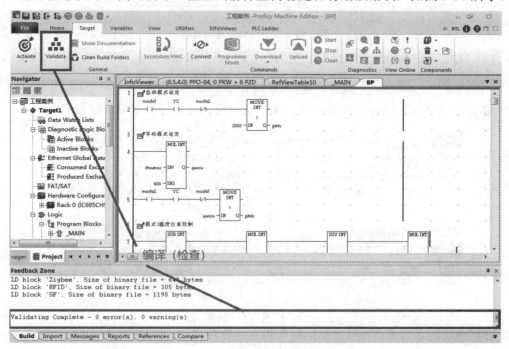

图 3-50　代码编译检查

　　(6) 检查无误后，建立 PME 通信。在 Navigator 浏览器窗口下选中"Target1"，鼠标右键单击，在下拉菜单中选择"Properties"，在出现的 Inspector 对话框中，设置通信模式。在"Physical Port"中设置成"ETHERNET"，在"IP Address"选项卡中输入前面设定的 PAC 的 IP 地址"192.168.1.3"，如图 3-51 所示。

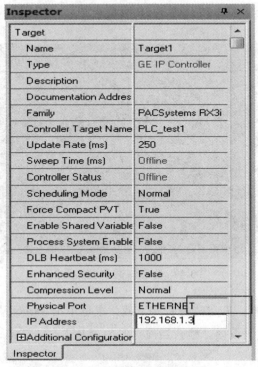

图 3-51　设置 PME 通信参数

　　(7) 鼠标单击 Target 菜单中的 　图标，PC 机与 RX3i 建立通信，如图 3-52 所示。如果设置正确，连接成功后 　图标由灰色变为绿色，表明两者已经连接，如图 3-53 所示。如果不能完成软硬件之间的连接，则应查明原因，重新设置重新连接。

图 3-52　PC 机与 RX3i 建立连接

图 3-53　RX3i 联机成功

　　(8) 连接成功后系统默认 PME 软件为离线监控模式，PME 软件窗口右下角会给出提示信息。监控模式可以观察 PAC 运行状态和运算数据，但是不可以修改。鼠标再次单

击 图标，切换到在线编程模式，在线编程模式可以修改数据。PAC 运行期间只能对一台 PC 机进行在线编程，但可以同时接受多台 PC 机的监控。

(9) 上传程序，将 PAC 内的数据读到 PME 中。在 Target 主菜单中单击 图标，在出现的对话中选择希望从 PAC 中上传的内容，鼠标单击 "OK" 按钮完成上传。

(10) 下载程序。将 PME 中的数据下载到 PAC 中之前，需要将 CPU 模块上的状态开关拨到 "STOP" 位或鼠标单击停止图标 Stop，使 CPU 处于 "STOP" 模式，弹出输出使能对话框后点击 "OK"，如图 3-54 所示。设定 PAC 为在线编程模式，鼠标单击 图标，出现如图 3-55 所示的下载内容选择对话框。初次下载时应将硬件配置及程序均下载，即选择全部选项后单击 "OK" 按钮开始下载。

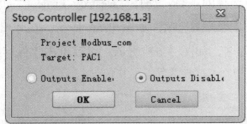

图 3-54　输出使能确认对话框

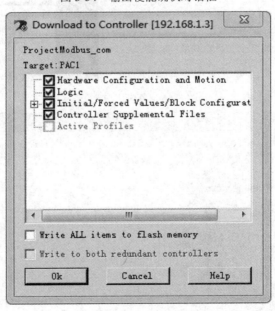

图 3-55　下载内容选择对话框

(11) 下载结束后，鼠标点击 Start，弹出 "输出使能确认" 对话框，选择 "Outputs Enable"，单击 "OK" 按钮运行输出使能。切记！下载完成后要把 CPU 模块上的状态开关拨到 "RUN" 位置。

3.8　PME 程序备份、删除和恢复

备份和恢复主要用于传送一个项目，例如从一台 PME 中传送到另一台 PME 中。备份是进行压缩文件的操作，恢复是进行解压缩文件的操作。被备份的文件必须经过恢复才能正常显示。

1. 备份与删除项目

备份与删除项目的操作步骤如下：

(1) 要备份一个项目，首先要关闭任何其他打开的项目。

(2) 在 Navigator 浏览器窗口的"Manager"下用鼠标右键点击需要备份的项目，选择"Back up"即可备份选择的项目，选择"Destroy Project"即可删除选择的项目，或者选择 File 菜单后单击 Backup 选项，如图 3-56 所示。在弹出的窗口选择备份项目的存放路径后，自定义文件名，如图 3-57 所示，然后单击"保存(S)"即可，此文件夹将按照 zip 文件格式保存。

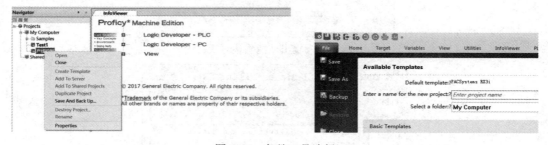

图 3-56　备份工具选择

图 3-57　保存备份路径选择对话框

对备份保存的压缩文件解压之后可以看到其文件后缀名是 SwxCF，这样的文件必须借助恢复项目才能打开。

2. 恢复项目

恢复项目的操作步骤如下：

(1) 要恢复一个项目，在 Navigator 窗口中"Manager"选项卡的"Projects"下鼠标右键点击"My Computer"，再选择"Restore…"，如图 3-58 所示。

图 3-58　恢复工具选择菜单

(2) 在调出来的 Restore 窗口中，选择恢复原文件的存放位置，鼠标点击"打开(O)"按钮，如图 3-59 所示，选中的文件将被恢复到 PME 中。

图 3-59　恢复文件选择对话框

(3) 在工程"Projects"下鼠标双击恢复的文件，即可打开此项目进行编辑。

3.9　PME 使用注意问题

1. 地址设置

(1) 在建立 PME 和 PAC 通信的过程中，总共要设置四次 IP 地址，其中安装 PME 软件的 PC 机网卡仅仅设置一次，其余三次 IP 地址设置都是一样的。对于以太网模块的 IP 地址设置，这三次分别是临时 IP 地址写入以太网模块、以太网模块硬件属性中 IP 地址设置、程序下载时进行以太网 IP 地址的设置。

(2) 在进行工程项目建立之前，需要先规划好不同模块的地址分配，并且在相应的模块属性中也要进行相关的设置，以免在硬件组态中出现地址的重叠而引起错误。

2. 创建变量

在 PAC 程序编写中，可以根据设计要求提前定义好相关的变量。创建变量的步骤如下：

① 鼠标单击"Program Blocks"前的加号，选中"_MAIN"主程序，再点击右箭头，选择"Variables"。空白处鼠标右键点击选择"new variable"，选择"BOOL"新建变量，如图 3-60 所示。

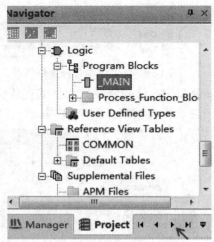

图 3-60　新建变量选择菜单

② 鼠标点击左上角 property Columns View 打开属性视图，在属性视图空白处点击右键选择"6-Logic PLC-Variable Info"，如图 3-61 所示。

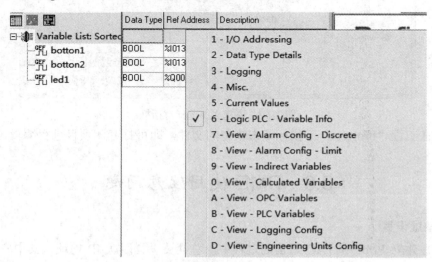

图 3-61　选择添加变量的类型

③ 双击右侧"Ref Address"下空白处，再点击右侧按钮弹出对话框，在 Memory 中数字量输入选择"I-Discrete Input"，数字量输出选择"Q-Discrete Output"，如图 3-62 所示。新建的变量要根据 I/O 模块的地址进行排序。

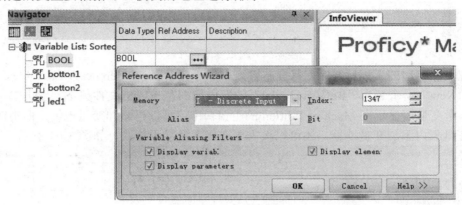

图 3-62　输入变量的地址

④ 在 Description 中输入变量名后按回车键，这样一个新的变量就在变量列表中被创建了。变量名可以由 1 到 32 个字符组成，以字母开头，包含大写字母和小写字母，数字 0 到 9，分隔符("_")。

3. 调试与排除故障

(1) 调试程序时要学会使用参考变量察看表(RVTs)。参考变量察看表能实时监视和改变变量地址表。在浏览窗口的工程标签中的参考变量察看表文件夹里，有默认的变量表，也可以添加用户定义的变量表。一个对象可以有 0 个或多个用户定义的 RVTs。

RVTs 中包含的变量数量并不影响 PME 的性能，只影响显示和刷新的视觉效果。

RVTs 只显示激活且在线的目标 PLC 的变量，可以在浏览窗口的选项标签中配置该变量表的显示方式。

地址数值的默认显示方式是按指定的起始地址，从右到左的顺序排列。默认的或用户定义的 RVTs 都是以离散地址每行 8 个单元，连续地址每行 10 个单元的方式显示的。显示数据的数量依赖于数据显示的格式。图 3-63 所示的是离散变量查看表，每行 8 个单元，每个单元 8 位，每行占据 64 个位。模拟变量查看表，每行为 10 个单元，如图 3-64 所示。这些资源的大小还与硬件组态中设置 CPU 的 Memory Protection Switch 有关。

←				Address
				%I00161
				%Q00113
				%Q00241
				%Q00225

图 3-63　离散变量查看表

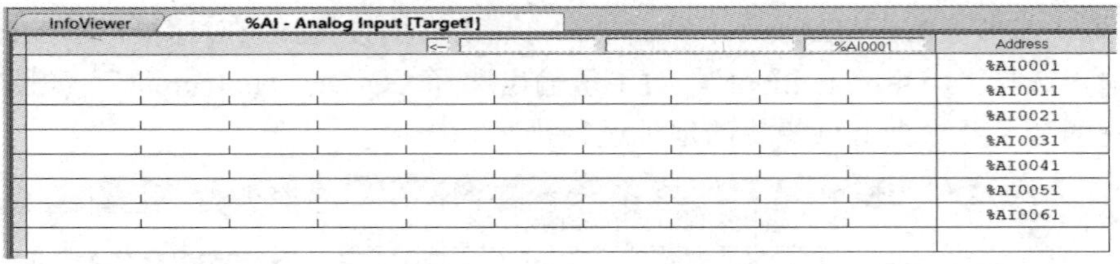

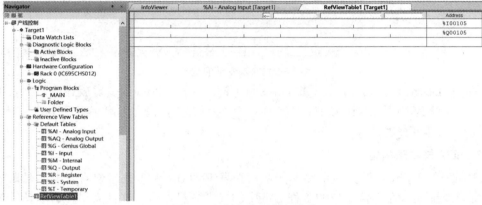

图 3-64　模拟变量查看表

在浏览窗口的工程标签中，鼠标右键点击参考变量表"Reference View Tables"，并选择"New"一个名为"RefViewTablel"的新表增加在 RVTs 文件夹下。双击参考变量表，参考变量表显示在 Machine Edition 的主窗口中，可以再添加变量地址，但不能在默认的变量表内添加变量地址，还可以按需要选择变量显示格式，如图 3-65 所示。

图 3-65　自定义参考变量表

(2) 出现问题要学会查看故障表查找问题。PLC 和 I/O 故障表显示了由 PLC 的 CPU或模块登录的故障信息，这些信息常用于确定 PLC 的硬件或软件的哪部分出了问题。浏览故障表时，计算机与 PLC 必须处于在线状态。在浏览窗口的工程标签中，鼠标右键点击想要查看的对象"Target"，选择诊断"Diagnostics"，如图 3-66 所示。故障将显现在信息查看 InfoViewer 窗中。

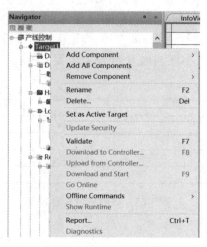

图 3-66　故障诊断工具选择

本 章 小 结

　　本章主要介绍了 PME 软件的安装、项目建立、程序编写下载以及调试的方法。通过本章的学习，读者可以进行控制系统软件的应用开发，为控制系统的完整设计奠定软件基础。

习 题

3.1　如何在 PME 中创建新的项目？

3.2　简述在 PME 中进行硬件组态的步骤。

3.3　如何在 PME 中建立和 PAC 之间的通信？

3.4　在 PME 中如何进行项目的备份和恢复？

第 4 章

PAC 指令系统

在 PAC 系统中，控制逻辑由用户编程实现，而 PAC 按照循环扫描的方式完成包括执行用户程序在内的各项任务，实现强大的控制功能。这得益于 PAC 系统内部丰富的指令系统。PAC Systems RX3i 运行速度快，每执行 1000 步用时仅 0.07ms。本章将介绍 PAC Systems RX3i 的各种指令。

4.1　PAC 指令系统概述

1. 指令类型

PAC Systems RX3i 属于中型机，由于其内部丰富的指令系统而拥有强大的控制功能。

1) 按形式分

按形式分，GE PAC 指令可以分为继电器指令和功能模块指令，形式如图 4-1 所示。

继电器指令

功能模块指令

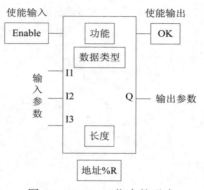

图 4-1　GE PAC 指令的形式

2) 按功能分

PAC Systems RX3i 指令系统包括高等数学函数、位操作功能、触点、控制功能、转换功能、数据传送功能、数学功能、程序流程功能、定时器/计数器及相关功能块等。

2. 指令操作数

PAC Systems 的操作数类型如下:

(1) 常量;

(2) 位于 PAC Systems 存储区域的变量(%I，%Q，%M，%T，%G，%S，%SA，%SB，%SC，%R，%W，%L，%P，%AI，%AQ);

(3) 符号变量;

(4) 参数化块或 C 块的参量;

(5) 能流;

(6) 数据流;

(7) 计算基准，如间接基准或字位基准。

操作数的类型和长度必须与其参数的类型和长度相一致。

PAC Systems 指令和功能对操作数类型有如下约束:

(1) 常量不能用作输出参数的操作数，因为输出的值不能写入常量。

(2) 只读类型存储器内的变量不能用作输出参数的操作数。例如，位于%S 存储器内的变量不能用作输出参数的操作数，因为%S 存储器是只读类型的。

(3) 位于%S、%SA、%SB、%SC 存储器中的变量不能用作数字表示的参数的操作数，例如 INT(单精度符号整数) DINT(双精度符号整数)和 REAL(浮点数)等。

(4) 一些功能模块在计算过程中，当写一个值到它的输入参数时，数据流禁止用作这些功能模块的输入参数，因为数据流在这种情况下被禁止，由于数据流是存储在临时存储器中，任何赋给它的更新值都不允许进入用户程序。

(5) EN 和 OK 的参数以及许多其他的布尔型输入输出参数在能流中受限制。

(6) 离散型存储器变量(I，Q，M 和 T)必须以字节形式排列。

使用带参数块或者外部模块参数作为指令或功能的操作数的一些限制将在第五章中描述。

注意下列事项:

(1) 可用于所有定向单字的存储器(%R, %W, %P, %L, %AI, %AQ)的间接基准可以作为指令自变量使用，允许把变量放在任何相应的定向单字存储器里。间接基准一旦进入一个指令或功能就立即转化为相应的直接基准。

(2) 一般情况下，字位基准允许用于触点或线圈指令(不包括跳变触点和线圈)，也允许作为接受单个或没有排列位的功能参数的自变量。

3. 数据类型

PAC Systems 指令操作数的基本数据类型包括位数据类型和数学数据类型。位数据类型通常用二进制或十六进制格式赋值，可以是一位(bit)、一个字节(Byte，8 位)、一个字(Word，16 位)、一个双字(Double Word，32 位)，分别对应 BOOL、BYTE、WORD 和 DWORD 类型。数学数据类型包括整数类型和实数类型，分别是 INT、UINT、DINT

和 REAL 类型等。不同的数据类型具有不同的数据长度和数值范围，具体描述如表 4-1 所示。

表 4-1　数据类型及数值范围

类型	名称	描　　述
BOOL	布尔	存储器的最小单位，有两种状态，1 或者 0
BYTE	字节	8 位二进制数据，范围为 0～255
WORD	字	16 个连续数据位。字的值的范围是十六进制的 0000～FFFF
DWORD	双字	32 位连续数据位，与单字类型具有同样的特性
UINT	无符号整型	占用 16 位存储器位置，正确范围为 0～65535(十六进制 FFFF)
INT	带符号整型	占用 16 位存储器位置，补码表示法，正确范围为–32768～+32767
DINT	双精度整型	占用 32 位存储器位置，用最高位表示数值的正负，正确范围为–2147483648～+2147483647
REAL	浮点	占用 32 位存储器位置，数据范围为 ±1.401298E –45～±3.402823E+38。
BCD-4	4 位 BCD	占用 16 位存储器位置。4 位的 BCD 码的表示范围为 0～9999
BCD-8	8 位 BCD	8 位的 BCD 码的表示范围为 0～99 999 999

4.2　PAC 内部资源

4.2.1　PAC 存储区域

变量是已命名的存储数据值的存储空间，它代表了目标在 PAC CPU 内的存储位置。CPU 以位存储器和字存储器的方式存储程序数据，存储定位以文字标识符(变量)作为索引。变量的字符前缀确定存储区域，数字值是存储器区域的偏移量。GE PAC 地址表示形式如图 4-2 所示。

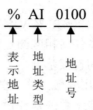

图 4-2　GE PAC 地址表示形式

GE PAC Systems 设置了众多存储区，最多可支持 32KB DI、32KB DO、32KB AI 和 32KB AO，可根据具体使用情况为各类存储空间动态分配大小。

在 Default Tables 子目录下，可以选取以下存储区域。

%AI：模拟量输入存储区域。

%AQ：模拟量输出存储区域。

%G：Genius 通信专业存储区域。

%I：数字量输入存储区域。

%Q：数字量输出存储区域。

%M：内部存储区域。

%R：数据寄存器存储区域。

%S：系统状态存储区域。

%T：临时变量存储区域。

其中，%I、%Q、%AI、%AQ 属于外部变量存储地址，其他的为内部变量存储地址；%I、%Q、%M、%T、%S 和%G 为位变量存储地址，其他的为字变量存储地址。

位变量和字变量的具体描述如表 4-2 和表 4-3 所示。

表 4-2　位(离散)变量

类型	描　　述
%I	代表输入变量。%I 寄存器是保持型的
%Q	代表自身的输出变量。%Q 变量可能是保持型的，也可能是非保持型的
%M	代表内部变量。%M 变量可能是保持型的，也可能是非保持型的
%T	代表临时变量。因为这个存储器倾向于临时使用，在停止-运行转换时会将%T 数据清除，所以%T 变量不能用作保持型线圈
%S %SA %SB %SC	代表系统状态变量，用于访问特殊的 CPU 数据，如定时器、扫描信息和故障信息。%SC0012 位用于检查 CPU 故障表状态，一旦被错误地设为 ON，那么在本次扫描完成之前，就不能将其复位 (1) %S、%SA、%SB 和%SC 可以用于任何节点 (2) %SA、%SB 和%SC 可以用于保持型线圈-(M)-
%G	代表全局数据变量，用于访问系统之间的共享数据

表 4-3　字(寄存器)变量

类型	描　　述
%AI	前缀%AI 代表模拟量输入寄存器，用于保存模拟量输入值或者其他的非离散值
%AQ	前缀%AQ 代表模拟量输出寄存器，用于保存模拟量输出值或者其他的非离散值
%R	前缀%R 代表系统寄存器，用于保存程序数据，如计算结果
%W	保持型的海量存储区域，变量为%W (字存储器)类型
%P*	前缀%P 代表程序寄存器，用于在_MAIN 块中存储程序数据。这些数据可以从所有程序块中访问。%P 数据块的大小取决于所有块的最高的%P 变量值，%P 地址只在 LD 程序中可用，包括 LD 块中调用的 C 块。P 变量不是在整个系统范围内都可用

注意：字变量的寻址方式有直接寻址和间接寻址，如% AI0001，表示直接读取 AI0001 位置中的数据。如果% R00101 的值为 1000，则@R00101 使用的是%R01000 内包含的值，为间接寻址。

允许设定字的某一位的值，可以将这一位作为二进制表达式输入输出以及函数和调用的位参数，例如% R2. X[0]表示%R2 的第一位(最低位)，%R2.X[1]表示%R2 的第二位，其中[0]和[1]是位索引。位号(索引)必须为常数，不能为变量。

4.2.2 PAC 系统参考变量

GE PAC Systems CPU 的系统状态变量为%S、%SA、%SB 和%SC 变量。%S 位是只读位，不能向这些位写数据，%S 变量的具体描述如表 4-4 所示。

表 4-4   %S 变量

变量地址	名称	描　　述
%S0001	#FST_SCN	当前的扫描周期是 LD 执行的第一个周期。在停止/运行转换后第一个周期，变量置位，第一个扫描周期完成后，节点复位
%S0002	#LST_SCN	在 CPU 转换到运行模式时设置，在 CPU 执行最后一次扫描时清除。CPU 将这一位置 0 后，再运行一个扫描周期，之后进入停止模式。如果最后的扫描次数设为 0，那么 CPU 停止后将%S0002 置 0，但从程序中看不到%S0002 已被清 0
%S0003	#T_10MS	0.01s 定时节点
%S0004	#T_100MS	0.1s 定时节点
%S0005	#T_SEC	1.0s 定时节点
%S0006	#T_MIN	1.0min 定时节点
%S0007	#ALW_ON	总为 ON
%S0008	#ALW_OFF	总为 OFF
%S0009	#SY_FULL	CPU 故障表满了置 1(故障表缺省值默认为记录 16 个故障，可配置)，某一故障清除或故障表被清 0 后，置 0
%S0010	#IO_FULL	I/O 故障表满了置 1(故障表缺省值默认为记录 32 个故障，可配置)，某一故障清除或故障表被清 0 后，置 0
%S0011	#OVR_PRE	%I、%Q、%M、%G 或者布尔型的符号变量存储器发生覆盖时置 1
%S0012	#FRC_PRE	Genius 点被强制时置 1
%S0013	#PRG_CHK	后台程序检查激活时置 1
%S0014	#PLC_BAT	电池状态发生改变时，节点会被更新

4.3 继电器功能指令

4.3.1 继电器触点指令

继电器触点常用来监控基准地址的状态。基准地址的状态或状况及触点类型受到监控时，触点能否传递能流则取决于进入触点的实际能流。如果基准地址的状态是 1，基准地址就是 ON；如果状态为 0，则基准地址为 OFF。继电器触点包括常开、常闭、上升沿、下降沿等常用触点，具有意义如表 4-5 所示。

表 4-5　继电器触点列表

名称	表示符号	助记符	向右传递能流	可用操作数
常闭触点	BOOLV —|/|—	NCCON	如果与之相连的 BOOL 型变量是 OFF	在%I、%Q、%M、%T、%S、%SA、%SB、%SC 和%G 存储器中的离散变量在任意非离散存储器中的符号离散变量
常开触点	BOOLV —||—	NOCON	如果与之相连的 BOOL 型变量是 ON	
负跳变触点	BOOLV —|↓|—	NEGCON	只有当下列条件全都满足时，NEGCON 才向右传递能流：(1) NEGCON 的使能是 ON (2) 与 NEGCON 相连变量的状态字当前值是 OFF (3) 与 NEGCON 相连变量的跳变字当前值是 ON 换句话说，如果有实际能流进入 NEGCON，最后写进与之相连的变量值从 ON 到 OFF，NEGCON 将向右传递实际能流	在%I、%Q、%M、%T、%S、%SA、%SB、%SC 和%G 存储器中的变量、符号离散变量
正跳变触点	BOOLV —|↑|—	POSCON	只有当下列条件全都满足时，POSCON 才向右传递能流：(1) POSCON 的使能是 ON (2) 与 POSCON 相连变量的状态字当前值是 ON (3) 与 POSCON 相连变量的跳变字当前值是 ON 换句话说，如果有实际能流进入 POSCON，最后写进与之相连的变量值从 OFF 到 ON，POSCON 将向右传递实际能流	
顺延触点	—|•|—	CONTCON	如果前面的顺延线圈置为 ON	无
故障触点	BWVAR —|F|—	FAULT	如果与之相连的 BOOL 型或 WORD 变量有一个点有故障	在%I(1) %Q、%AI 和%AQ 存储器中的变量，以及预先确定的故障定位基准地址
无故障触点	BWVAR —|NF|—	NOFLT	如果与之相连的 BOOL 型或 WORD 变量没有一个点有故障	
高位报警	WORDV —|HA|—	HIALR	如果与之相连的模拟(WORD)输入的高位报警位置为 ON	在%AI 和%AQ 存储器中的变量
低位报警	WORDV —|LA|—	LOALR	如果与之相连的模拟(WORD)输入的低位报警位置为 ON	

注意:

(1) 如果逻辑流在对顺延触点执行操作前不对顺延线圈执行操作,顺延触点则处于无流状态。

(2) 每次块开始执行时,顺延触点的状态被清除(置为无流)。

(3) 顺延线圈和顺延触点不使用参数,也没有与之相连的变量。

(4) 一个顺延线圈之后可以有多个含顺延触点的梯级。

(5) 一个含顺延触点的梯级前可以有多个含顺延线圈的梯级。

4.3.2　继电器线圈指令

继电器线圈的工作方式与继电器逻辑图中线圈的工作方式类似。线圈用来控制离散量参考变量,可以作为触点在程序中被多次引用。如果同一地址的线圈在多个程序段中出现,则其状态以最后一次运算的结果为准。

如果在程序中执行另外的逻辑作为线圈条件的结果,则可以给线圈或顺延线圈/触点组合用一个内部点。

继电器线圈包含输出线圈、取反线圈、上升沿线圈、下降沿线圈、置位线圈和复位线圈等,输出线圈总是在逻辑行的最右边。继电器线圈指令类型及功能如表 4-6 所示。

表 4-6　继电器线圈指令

线　圈	表示符号	助记符	描　　述
常开线圈	─○─	COIL	当线圈接收到能流时,置相关 BOOL 型变量为 ON;没有接收到能流时,置相关 BOOL 型变量为 OFF。掉电时不保持状态
常闭线圈	─⊘─	NCCOIL	当线圈接收到能流时,置相关 BOOL 型变量为 ON;没有接收到能流时,置相关 BOOL 型变量为 OFF。掉电时不保持状态
置位线圈	─(S)─	SETCOIL	当线圈接收到能流时,置相关 BOOL 型变量为 ON;直到用复位线圈复位;没有接收到能流时,不改变相关 BOOL 型变量的状态
复位线圈	─(R)─	RESETCOIL	当线圈接收到能流时,置相关 BOOL 型变量为 OFF,直到用置位线圈置位;没有接收到能流时,不改变相关 BOOL 型变量的状态
正跳变线圈	─(↑)─	POSCOIL	如果: (1) 变量的跳变位当前值是 OFF (2) 变量的状态位当前值是 OFF (3) 输入到线圈的能流当前值是 ON 那么正跳变线圈(POSCOIL)把关联变量的状态位转为 ON,其他任何情况下,都转为 OFF。所有情况下,变量的跳变位都被置为能流的输入值

续表

线 圈	表示符号	助记符	描 述
负跳变线圈	─(↓)─	NEGCOIL	当线圈接收到下降沿能流时，置相关 BOOL 型变量为 ON
顺延线圈	─(+)─	CONTCOIL	如果： (1) 变量的跳变位当前值是 ON (2) 变量的状态位当前值是 OFF (3) 输入到线圈的能流当前值是 OFF 那么负跳变线圈(NEGCOIL)把关联变量的状态位转为 ON，其他任何情况下，都转为 OFF。所有情况下，变量的跳变位都被置为能流的输入值

4.3.3 继电器指令使用说明

使用继电器指令时，要注意：

(1) 梯形图的每一网络块均从左母线开始，一般接着的是各种触点的逻辑连接，最后以线圈或指令盒结束，即线圈与梯形图的右母线相连，见图 4-3。不能将触点置于线圈的右边，线圈和指令盒也不能直接连接在左母线上，如确实需要，可以常闭触点 #ALW_ON (%S0007)进行连接。

图 4-3 线圈直接连接在左母线时须用常闭触点#ALW_ON (%S0007)进行连接

(2) 内部输入触点(I)的闭合与断开仅与输入映像寄存器相应位的状态有关，与外部输入按钮、接触器、继电器的常开/常闭接法无关。输入映像寄存器相应位为 1，则内部常开触点闭合(ON)，常闭触点断开(OFF)；输入映像寄存器相应位为 0，则内部常开触点断开(OFF)，常闭触点闭合(ON)。

(3) 常开常闭触点可进行多个串联和并联，其能流的流动与每个触点的闭合断开状态有关(逻辑与、或的关系)。每个能流可驱动多个线圈。

(4) 同一编号的线圈在一个程序中使用两次及两次以上叫作线圈重复输出。PAC 在运算时仅将输出结果置于输出映像寄存器中，在所有程序运算均结束后才统一输出，所以在线圈重复输出时，后面的运算结果会覆盖前面的结果，容易引起误动作。建议避免使用线圈重复输出。

(5) 常开、常闭、置位和复位线圈的梯形图符号中如果带有"M"符号，则为记忆性线圈，其功能与非记忆性线圈相同，但掉电后状态可保持，即当 PAC 失电时，带"M"的线圈数据不会丢失。

4.3.4 继电器指令应用举例

【例 4-1】基本触点线圈应用实例，如图 4-4 所示。

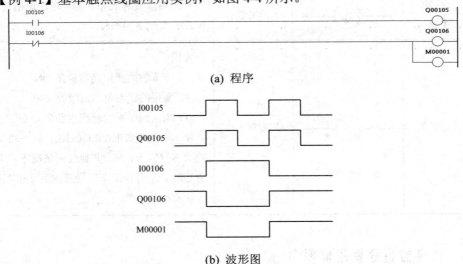

(a) 程序

(b) 波形图

图 4-4　基本触点线圈指令应用实例程序及波形图

当变量%I00105 的值为 ON 时，输出线圈接通，%Q00105 的值也为 ON。当变量%I00106 的值为 OFF 时，输出线圈和内部中间线圈接通，%Q00106 和%M00001 的值为 ON。

【例 4-2】正跳变/负跳变触点应用实例，如图 4-5 所示。

当变量%I00105 的值从 OFF 跳到 ON，正跳变触点 POSCON 向右传递能流，使常开线圈关联变量%Q00105 转为 ON。ON 状态一直保持到%I00105 再次写进新的值，正跳变触点 POSCON 才停止传递能流。

当变量%I00106 的值从 ON 跳到 OFF，负跳变触点 NEGCON 向右传递能流，使常开线圈关联变量% Q00106 转为 ON。ON 状态一直保持到%I00106 再次写进新的值，负跳变触点 NEGCON 才停止传递能流。

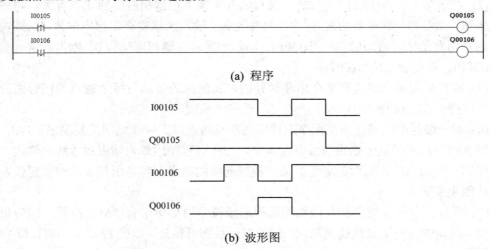

(a) 程序

(b) 波形图

图 4-5　正跳变/负跳变触点应用实例程序及波形图

【例 4-3】置位/复位线圈应用实例，如图 4-6 所示。

变量%I00105 的值由 OFF 变为 ON 的上升沿，将使置位线圈关联变量%Q00105 和%Q00106 的值置为 ON 并保持，直到其关联复位线圈获得能流使其复位为 OFF。变量%I00106 的值是 ON，将使复位线圈关联变量%Q00105 的值复位为 OFF。

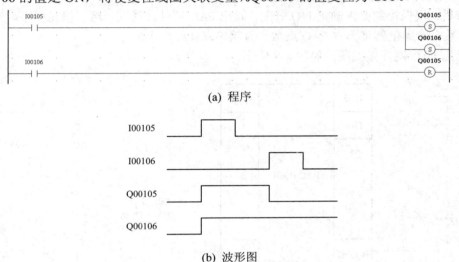

图 4-6　置位/复位线圈应用实例程序及波形图

注意：置位与复位线圈指令可多次使用相同编号的各类线圈，次数不限，输出线圈的状态由每次扫描周期结束时的状态决定(后者有效原则)；但梯形图中各触点实时的 ON 与 OFF 状态则由梯形中上一级结束时对应线圈的置复位状态决定。

【例 4-4】正跳变/负跳变线圈应用实例，如图 4-7 所示。

当变量%I00105 的值从 OFF 到 ON，正跳变线圈 POSCOIL 和负跳变线圈 NEGCOIL 接收到能流，正跳变线圈 POSCOIL 输出一个扫描周期的 ON；当%I00105 的值从 ON 到 OFF，正跳变线圈 POSCOIL 和负跳变线圈 NEGCOIL 的能流被撤除，但负跳变线圈 NEGCOIL 输出一个扫描周期的 ON。

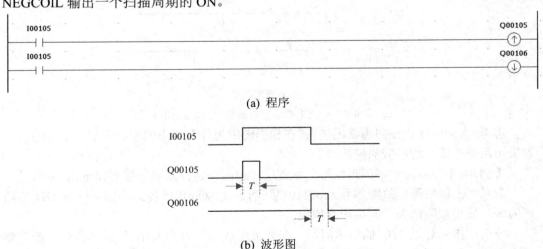

图 4-7　正跳变/负跳变线圈应用实例程序及波形图

【例 4-5】某电动机的启停控制。根据下述控制要求编写梯形图程序。

① 按下启动按钮 SB1(常开按钮)后，电动机启动；

② 按停止按钮 SB2 后(常闭按钮)，电动机停止运动；

③ 电动机通过热继电器做过载保护。

分析：根据控制要求确定 I/O 分配，画出 PAC 硬件接线图，然后编写程序。为节省 I/O 点数，热继电器可不占 PAC 点数，直接串联在线圈上。

画出 PAC 硬件接线图，如图 4-8 所示。

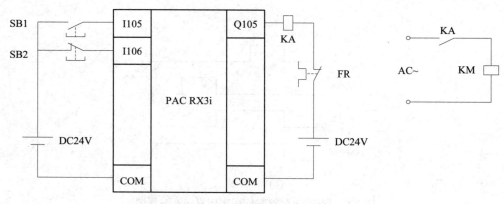

图 4-8　电动机启停硬件接线图

编写梯形图程序。程序及波形图如图 4-9 所示。

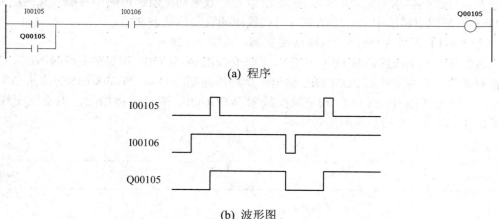

(b) 波形图

图 4-9　电动机的启停控制程序及波形图

思考：本例中停止按钮为常闭按钮，在梯形图中为什么对应的触点选用了常开触点？若采用常开按钮，程序应如何改写？

【例 4-6】　1Hz 频率闪烁信号发生程序。根据下述控制要求编写梯形图程序。

若系统出现故障，故障信号%I00110 为 ON，使%Q00105 控制的指示灯以 1Hz 的频率闪烁。如果故障消失，则指示灯熄灭。

分析：指示灯以 1Hz 的频率闪烁，即要求生成一个周期为 1s 的脉冲信号，没有要求占空比，可以考虑使用系统状态变量%S00005。程序和波形图如图 4-10 所示。

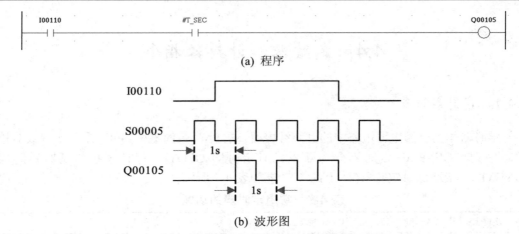

(a) 程序

(b) 波形图

图 4-10　1Hz 频率闪烁信号发生程序及波形图

【例 4-7】　二分频电路信号发生程序。根据下述控制要求编写梯形程序。

二分频电路信号发生程序有分频的作用，要求输入%I00110 每经过两个周期，%Q00110 输出一个周期的信号。

分析：此程序采用正跳变线圈构成，从波形图可看出，输出%Q00110 的波形频率为输入%I00110 波形频率的一半。

二分频电路的程序及波形图如图 4-11 所示。

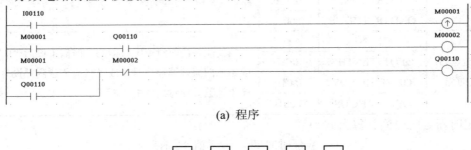

(a) 程序

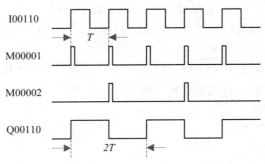

(b) 波形图

图 4-11　二分频电路程序及波形图

思考：用一个点动按钮控制一台电机的正反转，当第一次按下按钮时，电机正转，当第二次按下按钮时，电机反转，第三次按下时正转……当按下"停止"按钮时，电机停止运转。是否可以采用此程序实现？

4.4　定时器和计数器指令

4.4.1　定时器指令

定时器相当于继电器电路中的时间继电器，是 PAC 中的重要部件，用于实现或监控时间序列。GE PAC 定时器分为断电延时定时器(OFDT)、保持型接通延时定时器(ONDTR)、接通延时定时器(TMR)，其功能如表 4-7 所示。

表 4-7　常用定时器的功能

功能块	助记符	分辨率	功能描述
接通延时定时器	TMR_SEC	s	使能端接收能流开始计时，能流停止时重设为 0
	TMR_TENTHS	0.1s	
	TMR_HUNDS	0.01s	
	TMR_THOUS	0.001s	
保持型接通延时定时器	ONDTR_SEC	s	使能端接收能流开始计时，能流停止时保持其值
	ONDTR_TENTHS	0.1s	
	ONDTR_HUNDS	0.01s	
	ONDTR_THOUS	0.001s	
断电延时定时器	OFDT_SEC	s	当使能端接收能流定时器的当前值重设为"0"时，或当无能流继续计数时，或当当前值达到预设值时，停止计数并使输出使能端断开
	OFDT_TENTHS	0.1s	
	OFDT_HUNDS	0.01s	
	OFDT_THOUS	0.001s	

定时器延时时间计算公式为

$$延时时间 = 预置值 \times 时基$$

其中，时间定时器的时基可以按照 1 s(sec)、0.1 s(tenths)、0.01 s(hunds)、0.001 s(thous)进行计算，而预置值的范围为 0~32767 个时间单位。

每个定时器使用时需要一个一维的、由三个字数组排列的%R、%W、%P 或%L 存储器分别存储当前值(CV)、预置值(PV)和控制字，其中：

(1) 当前值存储在字 1；

(2) 预置值存储在字 2；

(3) 控制字存储在字 3。

字 1 只能读，不能写，字 3 存储定时器的布尔逻辑输入输出状态，如图 4-12 所示。

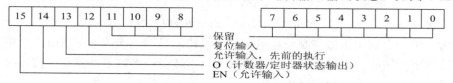

图 4-12　定时器存储结构

注意：不要使用两个连续的字(寄存器)作为两个定时器或计数器的开始地址。因为寄存器地址重合，逻辑 Developer – PLC 不会进行检查或发出警告，导致不确定的定时器操作。

1. 接通延时定时器(TMR)

接通延时定时器通电时，增加计数值，当达到规定的预制值(PV)时，定时器输入使能端保持接通电源，输出端允许输出。当输入电源从开启切换到关闭时，定时器停止累计时间，当前值被复位到 0，输出端关闭，指令格式如图 4-13 所示。

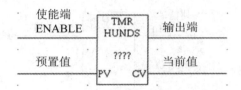

图 4-13　接通延时定时器指令格式

各个参量的操作数如表 4-8 所示。

表 4-8　定时器参量操作数

参量	许用操作数	描述
Address (？？？)	R、W、P、L 符号地址	一个三字数组的起始地址
PV	除 S、SA、SB、SC 外的任何操作数	预设值，当定时器激活或复位时使用；0≤PV≤+32767，如果 PV 超出范围，对字 2 无影响
CV	除 S、SA、SB、SC 外的任何操作数	定时器的当前值

【例 4-8】　接通延时定时器指令举例，其程序及波形如图 4-14 所示。

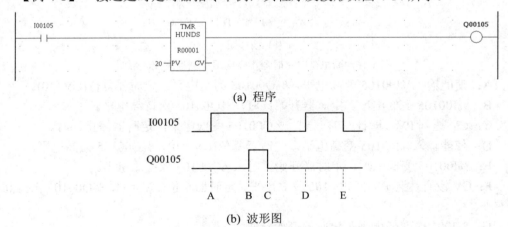

(a) 程序

(b) 波形图

图 4-14　接通延时定时器指令应用实例程序及波形图

A：使能输入%I00105 变高电平，定时器开始计时。

B：CV 达到 PV(本例中为 20)，%Q00105 变高电平，定时器继续累计时间。

C：使能输入%I00105 变低电平，%Q00105 变低电平；定时器停止累计时间，CV 清零。

D：使能输入%I00105 变高电平，定时器开始累计时间。

E：使能输入%I00105 在当前值到达 PV 之前变低电平； %Q00105 保持低电平，定时器停止累计时间并清零。

2. 断电延时定时器(OFDT)

当断电延时定时器初次通电时，当前值为 0，即使预置值为 0，输出端为高电平；当定时器输入使能端断开时，输出端仍然保持输出，当前值开始计数；当当前值等于预置值时，停止计数并输出使能断开，指令格式如图 4-15 所示。

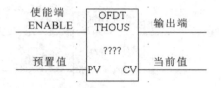

图 4-15　断电延时定时器指令格式

断电延时定时器的参量的操作数同接通延时定时器。

【例 4-9】　断电延时定时器指令举例，其程序及波形如图 4-16 所示。

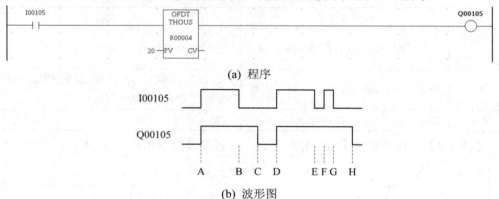

(a) 程序

(b) 波形图

图 4-16　断电延时定时器指令应用实例程序及波形图

A：使能输入%I00105 变高电平，%Q00105 为高电平，定时器复位(CV＝0)。

B：%I00105 变低电平，定时器开始计时，%Q00105 保持高电平。

C：CV 达到 PV，即计时时间到，%Q00105 变低电平，定时器停止计时。

D：使能输入%I00105 变高电平，定时器复位(CV＝0)，%Q00105 为高电平。

E：%I00105 变低电平，定时器开始计时，%Q00105 保持高电平。

F：CV 没有达到 PV，%I00105 变高电平，定时器复位(CV＝1)，%Q00105 保持高电平。

G：%I00105 变低电平，定时器开始计时。

H：CV 达到 PV，%Q00105 变低电平，定时器停止计时。

3. 保持型接通延时定时器(ONDTR)

当保持型接通延时定时器通电时，增加计数值；当输入使能端断开时，当前值停止计数并保持；当保持型接通延时定时器再次通电时，定时器累计计数，直至达到最大值

32767 时为止。不论输入使能端状态如何，只要当前值大于等于预置值时，输出端都将输出，并且该定时器的位逻辑状态发生改变。

当复位端允许时，当前值 CV 重设为 0，输出端断开。

保持型接通延时定时器的指令格式如图 4-17 所示。

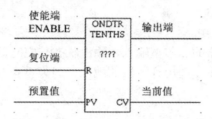

图 4-17　保持型接通延时定时器指令格式

R 为任意能流，其他参量的操作数同接通延时定时器。

【例 4-10】保持型接通延时定时器指令举例，其程序及波形如图 4-18 所示。

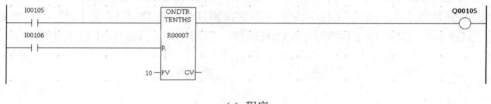

(a) 程序

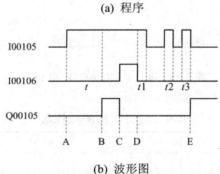

(b) 波形图

图 4-18　保持型接通延时定时器指令应用实例程序及波形图

A：%I00105 变高电平，定时器开始计时。

B：当前值达到预置值($t = \mathrm{PV}$)时，% Q00105 变高电平并保持。

C：RESET%I00106 变高电平，% Q00105 变低电平，当前值复位(CV=0)。

D：RESET%I00106 变低电平，% I00105 高电平，定时器重新开始累计时间。%I00105 变低电平，定时器停止累计时间。累计的时间保存不变。

E：当累计时间($t1+t2+t3$)达到预置值(PV)时，% Q00105 变高电平并保持。

4.4.2　计数器指令

计数器的任务是完成计数，在 GE PAC 中计数器则用于对脉冲正跳沿计数。计数器又分普通计数器和高速计数器两种，本节将讲解普通计数器。GE PAC 的计数器有两种：减计数器(DNCTR)和增计数器(UPCTR)。

计数器和定时器一样都使用%R、%W、%P 或%L 的、一元的三字数组或符号存储器来存储信息，当向计数器输入时，必须输入三个字数组的起始地址。三字数组中分别存储以下信息：

(1) 当前值存储在字 1 中；

(2) 预置值存储在字 2 中；

(3) 控制字存储在字 3 中。

在控制字中存储计数器的布尔型输入，输出状态与定时器类似。

注意：不要和其他指令一起用计数器的地址，因为重叠的地址会引起不确定的计数器操作。

1. 减计数器(DNCTR)

减计数器(DNCTR)功能模块从预置值递减计数，其指令如图 4-19 所示。最小的预置值(PV)为 0，最大的预置值为+32767。当能量流输入从 OFF 变为 ON 时，CV 开始以 1 为单位进行递减，当 CV≤0 时，输出端为 ON。若使能端继续有脉冲进入，当前值从 0 继续递减到达最小值 - 32768 时，将保持不变直到复位。当 DNCTR 复位时，CV 被置为 PV。当失电时，DNCTR 的输出状态 Q 被保持；当得电时，不会发生自动初始化。

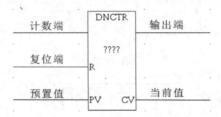

图 4-19　减计数器(DNCTR)指令

减计数器各个参量的操作数如表 4-9 所示。

表 4-9　减计数器的操作数

参量	许用操作数	描　述
Address (？？？)	R、W、P、L 符号地址	一个三字数组的起始地址
R	能流	当 R 接收到能量流时，将重置 CV 为 PV
PV	除 S、SA、SB、SC 外的任何操作数	当计数器激活或者复位时，PV 值复制进 Word2 的预置值。0≤PV≤32767，如果 PV 超出范围，Word2 不能重置
CV	除 S、SA、SB、SC 和常数外的任何操作数	计数器的当前值

2. 增计数器(UPCTR)

增计数器(UPCTR)功能模块从预置值(PV)递增计数，其指令如图 4-20 所示。预置值的范围为 0~32767。当能流从 OFF 转换为 ON 时，CV 增加 1；只要 CV≥PV，输出端 Q 就为 ON。当前值(CV)到达 32767 时，将保持直到复位；当 UPCTR 重置为 ON 时，CV 重置为 0，输出端 Q 为 OFF。失电时，UPCTR 的状态保持，得电时，不会发生自动初始化。

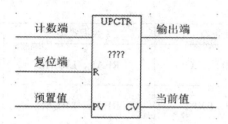

图 4-20　增计数器指令

【例 4-11】增计数器举例，其程序如图 4-21 所示。

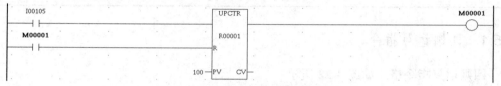

图 4-21　增计数器实例程序梯形图

每次当%I00105 从 OFF 转换为 ON 时，增计数器增加 1。只要 CV 超过 100，线圈% M00001 就被激活；只要%M00001 为 ON，计数器就置为 0。

4.5　数学运算功能指令

数学运算指令包括加、减、乘、除四则运算以及绝对值、平方根和常用函数指令等。在使用一个数学或数字功能之前，编制的程序可能需要包含转换数据类型的逻辑。数学运算指令如表 4-10 所示。

表 4-10　数学运算指令

功　能	助记符	数据类型	描　述
绝对值	ABS	DINT、INT、 REAL	求操作数 IN 的绝对值
加	ADD	DINT、INT、REAL、UINT	将两个数相加，输出和
减	SUB	DINT、INT、REAL、UINT	从一个数中减去另一个，输出差
乘	MUL	DINT、INT、REAL、UINT、MIXED	两个数相乘，输出积
除	DIV	DINT、INT、REAL、UINT、MIXED	一个数除以另一个数，输出商
平方根	SQRT	DINT、INT、REAL、UINT	计算操作数 IN 的平方根
模数	MOD	DINT、INT、UINT	一个数除以另一个数，输出余数
三角函数	SIN、COS、TAN	REAL、LREAL	计算操作数 IN 的正弦、余弦、正切，IN 以弧度表示
反三角函数	ASIN、ACO、ATAN	REAL、LREAL	计算操作数 IN 的反正弦、反余弦、反正切

续表

功 能	助记符	数据类型	描 述
角度/弧度转换	RAD、DEG	REAL、LREAL	将操作数 IN 进行角度与弧度转换并输出
指数	EXP、EXPT	REAL、LREAL	对操作数 e 以 10 为底求指数及自然指数
对数	LOG、LN	REAL、LREAL	对操作数 IN 以 10 为底求对数及自然对数

4.5.1 四则运算指令

四则运算指令格式如图 4-22 所示。

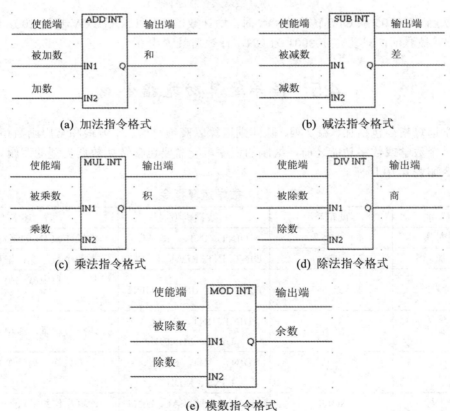

(a) 加法指令格式   (b) 减法指令格式

(c) 乘法指令格式   (d) 除法指令格式

(e) 模数指令格式

图 4-22 四则运算指令格式

四则运算指令的梯形图及语法基本类似,此处主要以加法指令为例进行介绍。

当使能端接收到能流时(无需上升沿跃变),指令就被执行,将具有相同数据类型的两个操作数 IN1 和 IN2 相加,并将总和存储在赋给 Q 的输出变量中。IN1 端为被加数,IN2 端为加数,Q 端为和,其操作为 Q=IN1+IN2。当 ADD 执行无溢出时,能流输出激活。

注意：

(1) IN1、IN2 与 Q 是三个不同的地址时，使能端是长信号或脉冲信号没有区别。但当 IN1 或 IN2 之中有一个地址与 Q 地址相同时，即 IN1(Q) = IN1+IN2 或者 IN2(Q) = IN1+IN2 时，就要注意使能端是长信号还是脉冲信号。当使能端是长信号时，该加法指令成为一个累加器，每个扫描周期，执行一次，直至溢出；当使能端是脉冲信号时，在使能端为 ON 时，执行一次。

(2) 当计算结果发生溢出时，Q 保持当前数值类型的最大值(如果是带符号数，则用符号表示是正溢出还是负溢出)。

(3) 当使能端为 ON 时，指令正常执行，没有发生溢出，输出端为 ON，除非发生以下情况：

① 对 ADD 来说，$(+\infty) + (-\infty)$；

② 对 SUB 来说，$(\pm\infty) - (-\infty)$ ；

③ 对 MUL 来说，$0 \times (\infty)$ ；

④ 对 DIV 来说，$0/0, 1/\infty$；

⑤ IN1 和(或)IN2 不是数字。

(4) 四则运算的数据类型相同时才能运算，即

① INT 带符号整数(16 位)，-32 768～+32 767；

② UINT 不带符号整数(16 位)，0～65535；

③ DINT 双精度整数(32 位)，$\pm 2\,147\,483\,648$；

④ REAL 浮点数(32 位)；

⑤ MIXED 混合型(90-70 系列 PLC 乘、除法时用)。

减法指令的梯形图及语法与加法类似。

乘法指令 MUL 功能块，当 MUL 功能块接收能流时(无需上升沿跳变)，指令就被执行，将具有相同数据类型的两个操作数 IN1 和 IN2 相乘，并将积存储在赋给 Q 的输出变量中，积的数据类型与 IN1 和 IN2 相同。若两个 16 位的数相乘产生 32 位的结果，即 Q(32 bit)=IN1(16 bit)*IN2(16 bit)时，选用 MUL_MIXED 功能块。

当 MUL 执行无溢出时，能流输出激活；当计算结果发生溢出时，输出值是带有某一符号的最大可能的数值，此时，能流不输出。

减法指令 DIV 功能块，DIV 执行结果会直接舍掉小数部分，不是取最接近的整数商，例如，24/5＝4。

模数指令 MOD 功能块，实现一个数除以另一个数，输出余数。

4.5.2　平方根指令

平方根指令格式如图 4-23 所示。

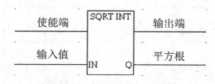

图 4-23　平方根指令格式

求 IN 端的平方根，当使能为 ON 时(无需上升沿跳变)，Q 为 IN 的平方根(整数部分)。

当使能端为 ON 时，输出端为 ON，除非发生下列情况：

(1) IN<0；

(2) IN 不是数值。

平方根指令支持的数据类型有 INT、DINT 和 REAL。

4.5.3　绝对值指令

绝对值指令格式如图 4-24 所示。

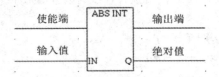

图 4-24　绝对值指令格式

求 IN 端的绝对值，当使能端为 ON 时(无需上升沿跳变)，Q 端为 IN 的绝对值。

当使能端为 ON 时，输出端为 ON，除非发生下列情况：

(1) 对数型 INT 来说，IN 是最小值；

(2) 对数型 DINT 来说，IN 是最小值；

(3) 对数型 REAL 来说，IN 不是数值。

绝对值指令支持的数据类型有 INT、DINT 和 REAL。

4.5.4　三角函数(只支持浮点数)

90-70 系列 PLC 提供六种三角函数，分别是正弦函数、余弦函数、正切函数、反正弦函数、反余弦函数、反正切函数，其语法大致相同，现以正弦函数为例进行介绍。三角函数指令格式如图 4-25 所示。

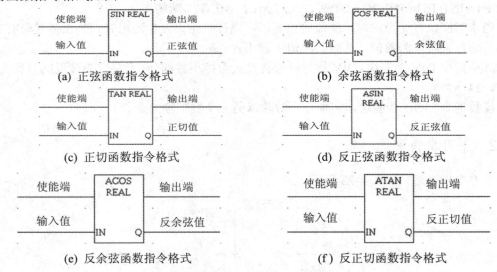

(a) 正弦函数指令格式　　　　　　　　　(b) 余弦函数指令格式

(c) 正切函数指令格式　　　　　　　　　(d) 反正弦函数指令格式

(e) 反余弦函数指令格式　　　　　　　　(f) 反正切函数指令格式

图 4-25　三角函数指令格式

SIN 功能块用于计算输入为弧度的正弦。当 SIN 功能模块接收到能流时，计算 IN(弧度)的正弦值并把结果存入结果输出 Q 中。当使能端为 ON 时(无需上升沿跳变)，该指令执行如下操作：

$$Q = SIN(IN)$$

正弦函数指令格式输入端、输出端取值范围见表 4-11。

表 4-11　三角函数指令输入值、输出值取值范围

三角函数	输入值	输出值
SIN	$-2^{63} < IN < 2^{63}$	$-1 \leqslant Q \leqslant 1$
COS	$-2^{63} < IN < 2^{63}$	$-1 \leqslant Q \leqslant 1$
TAN	$-2^{63} < IN < 2^{63}$	$-\infty < Q < +\infty$
ASIN	$-1 < IN < 1$	$-\pi/2 \leqslant Q \leqslant +\pi/2$
ACOS	$-1 < IN < 1$	$-\pi/2 \leqslant Q \leqslant +\pi/2$
ATAN	$-\infty < Q < +\infty$	$-\pi/2 \geqslant Q \geqslant +\pi/2$

4.5.5　对数与指数(只支持浮点数)

90-70 系列 PLC 提供 EXP、EXPT、LOG 和 LN 四种指令。

对数与指数指令格式如图 4-26 所示。

（a）对数指令格式　　　　　　（b）指数指令格式

图 4-26　指数与对数指令格式

当使能端为 ON 时(无需上升沿跳变)，该指令执行如下操作：

$$Q = LOG_{10} \, IN$$

其他指令执行如下操作：

　　LN: $Q = LN \, IN$

　　EXP: $Q = e^{IN}$

　　EXPT(该指令有两个输入端 IN1 和 IN2): $Q = IN1^{IN2}$

指令的取值范围符合函数的定义域。

4.5.6　角度、弧度的转换(只支持浮点数)

角度值和弧度值的转换指令格式如图 4-27 所示。

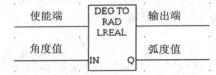

图 4-27　角度值和弧度值的转换指令格式

当使能端为 ON 时(无需上升沿跳变)，指令执行适当的转换(DEG_TO_RAD 角度转弧度或 RAD_TO_DEG 弧度转角度)，结果放在 Q 中。如果计算结果无溢出，DEG_TO_RAD 和 RAD_TO_DEG 向右传递能流，除非 IN 不是数字。注意：%I、%Q、%M、%T、%G 不能用于 REAL 格式。

4.6　关系运算指令

关系运算指令是比较相同数据类型的两个数值或决定一个数是否在给定的范围内，原值不受影响。比较时应确保两个数的数据类型相同，数据类型可以是 INT、DINT、REAL 或 UINT。如果要比较不同的数据类型，首先应使用转换指令使数据类型相同。

在 GE PAC 中有 3 种类型 7 种关系的关系运算指令，即大于、小于、等于、不等于、大于等于、小于等于和范围。

1. 普通比较指令

普通比较指令的格式及语法基本类似，表 4-12 列出了 6 种比较关系的普通比较指令。

表 4-12　普通比较指令

功能	助记符	数据类型	描　　述
等于	EQ	DINT、INT、REAL、UINT	检验 IN1 是否等于 IN2
大于等于	GE	DINT、INT、REAL、UINT	检验 IN1 是否大于等于 IN2
大于	GT	DINT、INT、REAL、UINT	检验 IN1 是否大于 IN2
小于等于	LE	DINT、INT、REAL、UINT	检验 IN1 是否小于等于 IN2
小于	LT	DINT、INT、REAL、UINT	检验 IN1 是否小于 IN2
不相等	NE	DINT、INT、REAL、UINT	检验 IN1 和 IN2 两个数是否不相等

GT 指令格式如图 4-28 所示。

图 4-28　GT 指令格式

GT 指令比较 IN1 和 IN2 的值，如满足指定条件，且当使能端输入为 ON 时(无需上升沿跳变)，比较输入 IN1 和输入 IN2 的值，如果 IN1>IN2 该指令就接通到右边 Q 端置ON，否则置"o"。注意 IN1 和 IN2 操作数必须是相同数据类型。当使能端输入为 ON时，输出端即为 ON，除非输入的 IN1 和 IN2 不是数值。

其他 5 种关系指令雷同，不在此赘述。

2. CMP 指令

CMP 指令可同时执行：I1=I2，I1>I2，I1<I2 的比较关系，其指令格式如图 4-29所示。

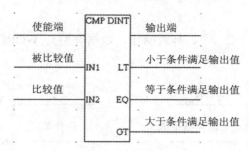

图 4-29　CMP 指令格式

　　IN1 和 IN2 可以为 DINT、INT、REAL 或 UINT，但必须是相同的数据类型。CMP 指令的执行与普通关系指令相同。

3. RANGE 指令

　　当范围功能块激活时，RANGE 指令将输入 IN 与操作数 IN1 和 IN2 限定的范围进行比较。IN1 与 IN2 中的任一个都可以是上限或下限。当 IN1≤IN≤IN2 或 IN2≤IN≤IN1 时，输出值 Q 设置为 ON，否则输出 Q 设置为 OFF。如果操作成功，向右传送能流。IN1、IN2 和 IN 可以为 DINT、INT、UINT、WORD 或 DWORD 类型，但必须是相同的数据类型。RANGE 指令格式如图 4-30 所示。

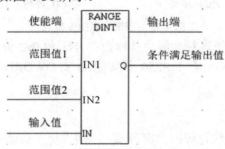

图 4-30　RANGE 指令格式

4.7　位操作功能指令

　　位操作功能对位串执行各种操作。一般对 1～256 个占用相邻内存位置的 WORD 或 DWORD 数据执行操作。

　　位操作功能把 WORD 或 DWORD 数据当作一个连续的位串，第一个 WORD 或 DWORD 的第一位是最低位(LSB)，最后一个 WORD 或 DWORD 的最后一位是最高位(MSB)，如图 4-31 所示。

%R0100	15	14	13	12	11	10	9	8	7	6	5	4	3	2	1	0	←bit1（LSB）
%R0101	31	30	29	28	27	26	25	24	23	22	21	20	19	18	17	16	
%R0102	47	46	45	44	43	42	41	40	39	38	37	36	35	34	33	32	

（MSB）

图 4-31　位数据串在内存中的位置示意

1. 逻辑运算指令

逻辑运算指令有与、或、非、异或操作，数据类型有 WORD 或 DWORD，其指令格式如图 4-32 所示。

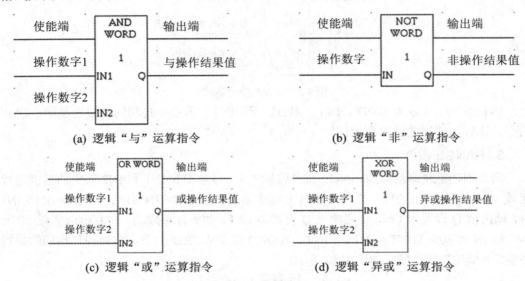

(a) 逻辑"与"运算指令　　　　　　　　(b) 逻辑"非"运算指令

(c) 逻辑"或"运算指令　　　　　　　　(d) 逻辑"异或"运算指令

图 4-32　逻辑运算指令格式

每次有使能输入，逻辑运算功能块就检查在 IN1 和 IN2 位串中相应的位，从位串最小有效位开始。串长可以确定在 1～256 个 WORD 或 DWORD 之间，而 IN1 和 IN2 位串可以部分重叠。

1) 逻辑"与"

如果逻辑"与"功能检查的两个位都是 1，则"与"功能块在输出位串 Q 中相应的位置放入 1。如果这两个位有一个是 0 或者两个都是 0，则"与"功能块在输出位串 Q 中相应的位置放入 0。"与"功能块只要使能激活，就传递能流。

利用逻辑"与"功能进行屏蔽或筛选位，仅有某些对应于屏蔽控制字中 1 的位状态信息可以通过，其他位被置 0。

2) 逻辑"或"

如果逻辑"或"功能块检查的任一位是 1，则逻辑"或"功能块在输出位串 Q 中相应的位置放入 1。如果两个位都是 0，则逻辑"或"功能块在输出位串 Q 中相应的位置放入 0。逻辑"或"功能块只要使能激活，就向右传递能流。

可以利用逻辑"或"功能设计一个简单的逻辑结构组合串或者控制很多输出。例如可以利用逻辑"或"功能，根据输入点状态直接驱动指示灯，或使状态灯闪烁。

3) 逻辑"异或"

当逻辑"异或"功能块接收到信息流时，就对位串 IN1 和 IN2 中每个相应的位进行比较。如果某对位的状态不同，则逻辑"异或"功能块就在输出位串 Q 中相应的位置放入 1。逻辑"异或"功能块只要使能激活，就向右传递能流。

可以利用逻辑"异或"快速比较两个位串，或者使一个组位以每两次扫描一次 ON 的速率闪烁。

2. 移位指令(左移、右移指令)

移位指令的功能是一个固定位数的字或字串里的位左移或右移，左移(SHIFTL)指令和右移(SHIFTR)指令格式如图 4-33 所示。左移指令与右移指令，除了移动的方向不一致外，其余参数都一致，现以左移指令为例进行介绍。

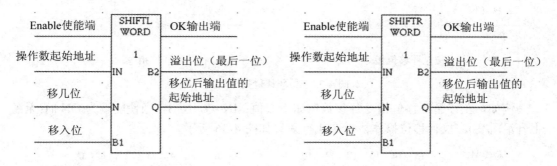

(a) 左移（SHIFTL）移位指令　　　　(b) 右移（SHIFTR）移位指令

图 4-33　移位指令格式

在图 4-33 中：IN 为需移位字串的起始地址；N 为每次移动的位数(大于 0，小于子串长度 LEN)；B1 为移入位(为一继电器触点)；B2 为溢出位(保留最后一个溢出位)；Q 为移位后的值的地址(如果要产生持续移位的效果，则 Q 端与 IN 端的地址应一致)。

例如，左移移位指令各参数取值为：IN = Q，B1 = ALW_ON = 1，B2 = %M00001，N = 3，当使能端为 ON 时(无需上升沿跳变)，执行移位操作，其结果如图 4-34 所示。

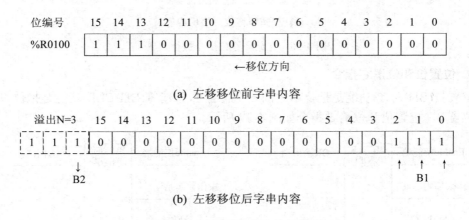

(a) 左移移位前字串内容

(b) 左移移位后字串内容

图 4-34　左移移位指令执行效果

3. 循环移位指令

循环移位指令分左循环移位(ROL)指令和右循环移位(ROR)指令，其格式如图 4-35

所示。ROL 与 ROR 除了移动的方向不一致外，其余参数都一致，现以左循环移位指令为例进行介绍。

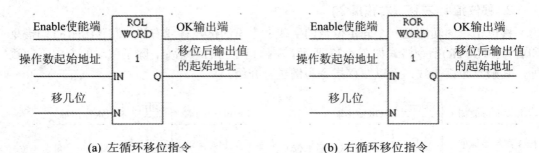

(a) 左循环移位指令　　　　　　(b) 右循环移位指令

图 4-35　循环移位指令格式

例如，左移循环移位指令各参数按如下取值：IN=Q，N=3，当使能端为 ON 时(无需上升沿跳变)，执行移位操作，指令执行效果如图 4-36 所示。

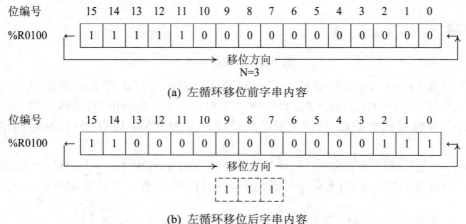

(a) 左循环移位前字串内容

(b) 左循环移位后字串内容

图 4-36　左循环移位指令执行效果

4. 位置位和位清零指令

位置位(BIT SET)功能是把位串中的一个位置 1，位清零(BIT CLR)功能是把位串中的一个位置 0。位置位和位清零指令如图 4-37 所示。

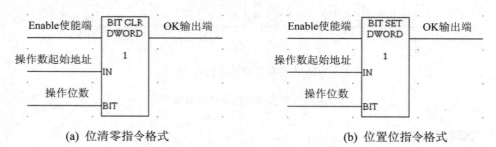

(a) 位清零指令格式　　　　　　(b) 位置位指令格式

图 4-37　位清零和位置位指令格式

例如，位置位指令中设置 BIT=5，当使能端为 ON 时(无需上升沿跳变)，该指令执行过程如图 4-38 所示。

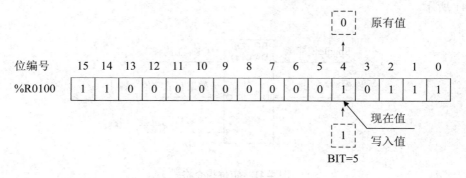

图 4-38　位置位指令执行过程

当一个变量大于用来指定位数的常数时，通过连续扫描可以对不同的位置位或清零。一旦一个位被置位或清零，这个位的状态就会被刷新，而位串里其他位的状态不受影响。

5. 位测试指令

位测试(BIT TEST)指令用于检测字串中指定位的状态，决定当前值是"1"还是"0"，结果输出至 Q。位测试指令格式如图 4-39 所示。

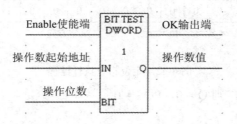

图 4-39　位测试指令格式

在图 4-39 中：Q 为该位输出的值，为"0"或"1"。

例如，位测试指令中设置 BIT=5，当使能端为 ON 时(无需上升沿跳变)，该指令的执行过程如图 4-40 所示。

图 4-40　位测试指令执行过程

6. 定位指令

定位(BIT POS)指令用于搜寻指定字串第一个为"1"的位的位置。定位指令格式如图 4-41 所示。

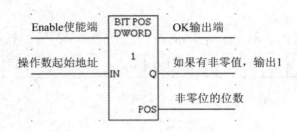

图 4-41　定位指令格式

在图 4-41 中，POS 为该字串中，第一个为"1"的位的位置。当被搜寻字串为一非零字串时，Q 置 1。

当使能端为 ON 时(无需上升沿跳变)，定位指令的执行过程如图 4-42 所示。

图 4-42　定位指令执行过程

如果没有找到"1"，则 Q = 0，POS = 0。

4.8　数据操作指令

数据操作指令包含数据移动指令和数据转换指令。

4.8.1　数据移动指令

1. 数据移动指令

数据移动(MOVE)指令可将单个数据或多个连续数据从源区传送到目的区，主要用于 PAC 内部数据的流转。当 MOVE 功能块通电时，它把指定数量的数据存储单元(数据长度)以单个位或字的形式从 IN 端复制到输出端 Q。由于数据以位的形式复制，所以新的存储单元可以不在同一个数据表中，但需要与原数据表是相同的数据类型。例如可以从%R 移动数据到%I，反之亦然。数据移动指令格式如图 4-43 所示。

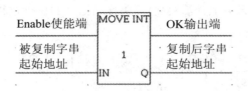

图 4-43　数据移动指令格式

数据移动指令的数据类型可以是 INT、UINT、DINT、BIT、WORD、DWORD 或 REAL。IN 端是被复制的对象，可以是%I、%Q、%M、%T、%SA、%SB、%SC、%G、%R、% AI、%AQ 里面的数据或常数；Q 端为%I、%Q、%M、%T、%SA、%SB、%SC、%G、%R、%AI、%AQ 里的地址，不能为常数。MOVE BOOL 允许的数据长度为 256位，其他最大为 256 个字。

当使能端为 ON 时(无需上升沿跳变)，数据移动指令的执行过程如图 4-44 所示。

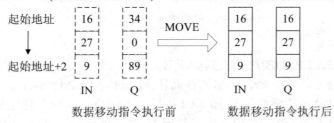

图 4-44　数据移动指令执行过程

2. 块移动指令

块移动(BLKMOV)指令可以将 7 个常数复制到指定的存储单元。当块传送功能块接收到能量流时，它将由 7 个常量组成的块复制到连续存储单元中，连续存储单元的首地址有输出指定。只要 BLKMOV 功能块使能激活，就向右传递能流。BLKMOV 指令的数据类型可以是 INT、UINT、DINT、WORD、DWORD 或 REAL。块移动指令格式式如图 4-45 所示。

图 4-45　块移动指令格式

当使能端为 ON 时(无需上升沿跳变)，块移动指令的执行过程如图 4-46 所示。

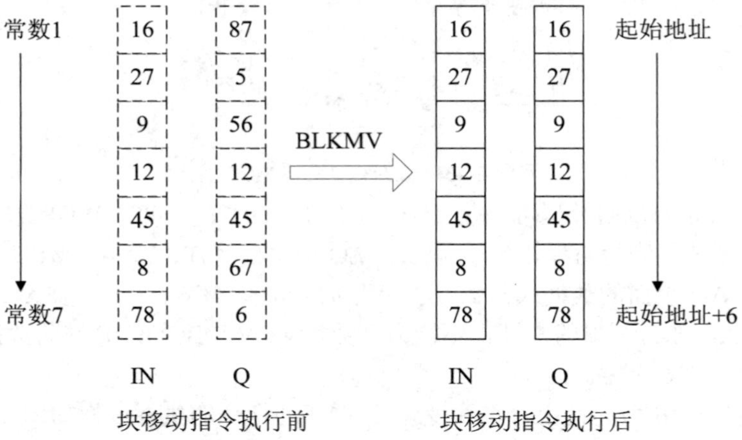

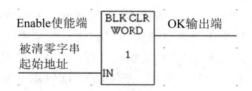

图 4-46　块移动指令执行过程

3. 块清零指令

当块清零(BLKCLR)功能块接收到能流时，就从 IN 开始的指定区域用零填充指定数据块。当需要清零的数据来自布尔型存储器(%I、%Q、%M、%G 或%T)时，与该区域相关的转变信息就被刷新。只要 BLKCLR 接收到能量，就向右传递能流。BLKCLR 指令的数据类型只有 WORD 一种，数据长度为 1～256 个字。BLKCLR 指令格式如图 4-47 所示。

图 4-47　块清零指令格式

当使能端为 ON 时(无需上升沿跳变)，块清零指令的执行过程如图 4-48 所示。

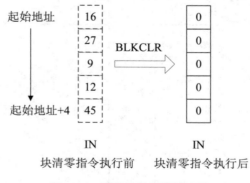

图 4-48　块清零指令执行过程

4. 移位寄存器指令

当移位寄存器(SHFR)指令接收能流，R 操作数不接收时，移位寄存器从一个基准存储单元传送一个或多个的数据位、数据字或数据双字到一个指定存储区域，该区域中原始数据被移出。移位寄存器指令支持的数据类型包括 BIT 和 WORD。移位寄存器指令格式如图 4-49 所示。

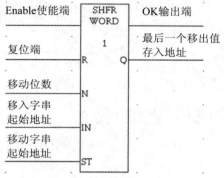

图 4-49　移位寄存器指令格式

例如，移动寄存器指令中，取值 N=2，IN=%R00100，ST=%R00110，Q=%R00120，LEN=5，则当使能端为 ON 时(无需上升沿跳变)，该指令的执行过程如图 4-50 所示。

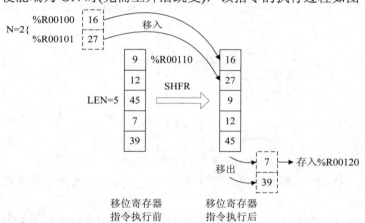

图 4-50　移位寄存器指令执行过程

当复位端为"1"时，所有移动字串被清 0。

5. 翻转指令

翻转(SWAP)指令用于翻转一个字中高字节与低字节的位置或一个双字的前后位置，支持的数据类型有 WORD 和 DWORD。翻转指令格式如图 4-51 所示。

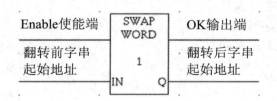

图 4-51　翻转指令格式

当使能输入为 1(无需上升沿跳变)，翻转指令的执行过程如图 4-52 所示。

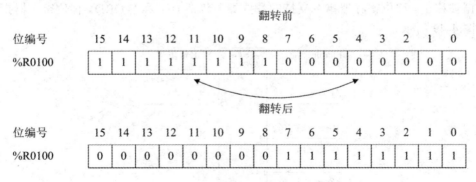

图 4-52　翻转指令执行过程

6. 通信指令

当 CPU 需要读取智能模块的数据时，可使用通信(COMMREQ)指令。通信指令格式如图 4-53 所示。

图 4-53　通信指令格式

图 4-53 中，SYSII 为智能模块在系统中的位置，高八位为模块所在机架号，低八位为模块所在槽号。

通信指令 Enable 使能端是长信号还是短信号，取决于不同的智能模块。通信指令包含命令块和数据块，其参数都在这两个块中设定。在数据块中，各种智能模块大都有自己的参数，不尽相同，其长度最长 127 个字；而命令块则大致相同，其命令块格式如下：

(1) 地址：数据块的长度。
(2) 地址+1：等待/不等待标志。
(3) 地址+2：状态指针存储器。
(4) 地址+3：状态指针偏移量。
(5) 地址+4：闲置超时值。
(6) 地址+5：最长通信时间。

4.8.2　数据转换指令

数据转换指令把一个数据项目从一种数字格式(数据类型)变为另一种数字格式(数据类型)。有很多程序指令，像数学函数等，必须使用一种类型的数据，因此转换数据是必要的。常用数据转换指令格式如图 4-54 所示。

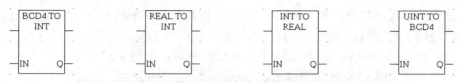

图 4-54　常用数据转换指令格式

当 REAL_TO_INT 使能激活时，把输入的 REAL 数据按照四舍五入的原则转换为最近的带符号单精度整数(INT)值，并在 Q 点输出。注意：REAL_TO_INT 不能改变 REAL 原始数据。

当 UINT_TO_BCD4 功能块使能激活时，把输入的 UINT 或 INT 数据转换为等效的 BCD4，并在 Q 点输出。

由于数据转换指令功能类似，其他转换指令在此不再罗列，详见手册。

4.9　控制功能指令

1. 注释指令

注释(COMMENT)指令可用于在程序中加入一个文本解释。把一个注释指令插入 LD 逻辑中时，显示"？？？？？"，当键入一个注释后，头几个字才被显示，如图 4-55 所示。

图 4-55　COMMENT 指令

因为注释不能下载到 PAC 中，故一般在线或离线编辑注释，效果相同。

2. 跳转指令

跳转指令可以使 PAC 编程的灵活性大大提高，使主机可根据不同条件的判断，选择不同的程序段执行程序。跳转指令由 JUMPN 和 LABELN 组成，如图 4-56 所示。

图 4-56　跳转指令

注意："????"跳转的目标标号名字不能以数字开头。

当跳转激活时，能量流直接从 JUMPN 跳转到由 LABELN 指定的梯级，在 JUMPN 和 LABELN 之间的任何功能块都不执行，在 JUMPN 和与其相关的 LABELN 之间的所有线圈都保持其先前的状态，包括与定时器、计数器、锁存器和继电器相关联的线圈。

JUMPN 既能向前跳转也能向后跳转，也就是说，LABELN 既能在前面梯级中也能在后面梯级中。跳转指令及标号必须同时在主程序内或在同一子程序内，同一终端服务程序内，不可由主程序跳转到中断服务程序或子程序，也不可由中断服务程序或子程序跳转到主程序。

3. 调用子程序指令(CALL)

通过调用子程序指令(CALL 指令)可以实现模块化程序的功能。CALL 指令可以使程序转入特定的子程序块。注意：在执行调用前，被调用的块必须存在。

首先，在 Logic→Program Blocks 下建立子程序块，如图 4-57 所示。

图 4-57　添加子程序块对话框

其次，在子程序块 LDBK 中建立子程序，子程序的命名必须以字母开始。

最后，在 MAIN 中调用子程序，如图 4-58 所示。

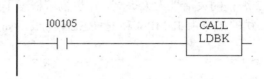

图 4-58　调用子程序 LDBK

只要有足够的执行栈空间，CPU 就允许进行嵌套调用，否则会产生一个"堆栈溢出"故障。出现"堆栈溢出"故障时，CPU 不能执行程序块，会将 LDBK 模块的所有二进制输出设为 FALSE，并且继续执行程序块调用指令后的程序。

本 章 小 结

本章主要介绍了可编程控制器 PAC System RX3i 的各种指令。在介绍了 PAC 指令系统概况和内部资源之后，逐一介绍了继电器功能指令、定时器和计数器指令、数学运算指令、关系运算指令、位操作功能指令、数据操作指令和控制功能指令。通过本章的学习，读者应该掌握 PAC 基本指令的原理，为指令的实例应用打下基础。

习　题

4.1　RX3i 指令系统按功能可以分为哪几类？

4.2　PAC Systems 指令操作数有哪些数据类型？

4.3　PAC 都有哪些存储区域？哪些按位访问，哪些按字访问？

4.4　PAC 定时器指令有哪几种类型？有什么区别？

4.5　数学运算指令中三角函数可使用哪些操作数类型？

4.6　请绘制位操作指令中操作数的位置排列，并标识出最低位和最高位。

第 5 章

梯形图编程规则及 PAC 基本程序

5.1　梯形图编程规则

对于使用梯形图编写 PAC 程序而言，最基本的要求是正确，即保证正确、规范地使用各种指令，正确、合理地应用各类内部资源，因程序出错大多与上述问题有关。

5.1.1　梯形图编程时应遵守的规则

梯形图作为一种编程语言，编辑时需遵循一定的规则。梯形图编程时应遵守的规则如下：

(1) 梯形图中各种符号要以左母线为起点，以右母线为终点，从左向右分行绘制。每一逻辑行必须以触点开始，以线圈结束；每个梯形图程序段都必须以输出线圈或功能块结束。比较指令功能块(相当于触点)、中间输出线圈和上升沿/下降沿线圈不能用于程序段结束。

(2) 每一行的起始触点构成该行梯形图的"执行条件"，与右母线连接的应为输出线圈或功能指令，不能为触点。一行写完，自上而下依次写入下一行。触点不能放在线圈右边，线圈一般不与左母线直接连接，通常通过触点连接。有些线圈要求布尔逻辑，即必须由触点控制，不能与左侧的垂直"电源线"直接相连，例如，输出线圈、置位、复位线圈，中间输出线圈和上升沿、下降沿线圈，计数器和定时器线圈等。如果实际应用需要由线圈开始，可以用可以常闭的触点#ALW_ON (%S0007)开始连接。

(3) 梯形图中使用内部元件时，线圈只能使用一次，而触点的使用次数则不受限制，且梯形图修改方便，不需改动接线。PAC 中继电器的状态用存储器的位来保存，允许读取任意次。因此，在程序设计时使用较为简单的梯形图，可减少触点数目，以实现简化软件设计。

(4) 指令功能块的使能输出 OK 可以与右边指令功能块的使能输入 Enable 相连。

(5) 恒 0 与恒 1 信号的生成梯形图如图 5-1 所示。

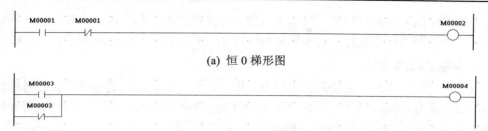

(a) 恒 0 梯形图

(b) 恒 1 梯形图

图 5-1　恒 0 与恒 1 信号的生成梯形图

(6) 能流只能从左向右流动，不允许生成使能流向相反方向流动的分支。例如，在图 5-2 中，%I00004 常开触点断开时，能流流过%I00006 的方向从右向左，这是不允许的。从本质上讲，该电路不能用触点的串、并联指令来表示。

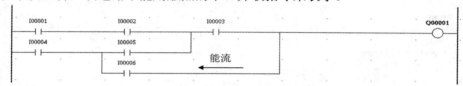

图 5-2　能流流向错误梯形图

(7) 不允许生成引起短路的分支。

(8) 同编号的输出线圈使用两次以上，则认为线圈重复输出，如图 5-3 所示。最后一个条件为最优先，结果见表 5-1。

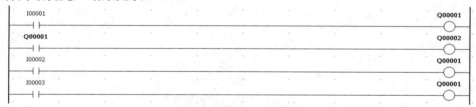

图 5-3　线圈重复输出梯形图

表 5-1　线圈重复输出结果

序号	%I00001	%I00002	%I00003	%Q00001	%Q00002
1	0	0	0	0	0
2	1	1	1	1	1
3	1	1	0	0	1
4	1	0	1	1	1
5	1	0	0	0	1
6	0	1	1	1	0
7	0	1	0	0	0
8	0	0	1	1	0

5.1.2　梯形图程序优化

用户程序的优劣对程序长短和运行时间都有较大的影响。对于同样的系统，不同用户编写的程序在语句长短和运行时间上可能会存在很大的差距。因此，对于初次写完的程序一般都需要进一步优化。对梯形图程序优化一般从以下几个方面着手。

1. 串联支路的调整

当若干支路并联时，应将具有串联触点的支路放在上面，以省略程序执行时的堆栈操作，减少指令步数，优化过程如图 5-4(a)所示；当若干支路串联时，应将具有并联触点的支路放在前面，同样是省略程序执行时堆栈操作，减少指令步数，优化过程如图 5-4(b)所示。

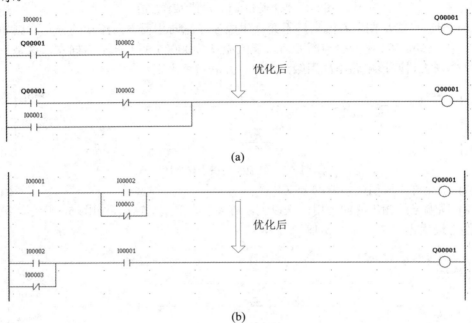

图 5-4　串联支路优化

2. 使用内部继电器

程序设计时如果需要多次使用若干逻辑运算的组合时，应尽量使用内部继电器，不仅可以简化程序，减少指令步数，更能在逻辑运算条件需要修改时，只调整内部继电器的控制条件，而无须改动所有程序，为程序的修改与调整带来了便利，优化过程如图 5-5所示。其中，图 5-5(a)是未使用内部继电器的逻辑运算结果，图 5-5(b)是使用%M00001表示%I00001、%I00002 与%I00003 的逻辑运算结果。

(a) 优化前

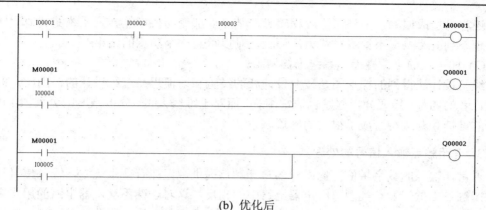

(b) 优化后

图 5-5　使用内部继电器优化

5.2　经验设计法

PLC 控制程序设计有经验和顺序两种设计方法。其中，经验设计法没有固定的方法和步骤可遵循，设计者只能依据各自的经验和习惯进行设计，具有一定的试探性和随意性。

1. PLC 程序的经验设计法

在 PLC 发展的初期，沿用了设计继电器电路图的方法来设计梯形图程序，即在已有的典型梯形图基础上，根据被控对象的控制要求，不断修改和完善梯形图。程序设计时需要反复调试和修改梯形图，不断增加中间编程元件和触点，直到得到一个满意的结果。这种方法没有普遍的规律可循，与设计所用的时间、设计的质量和编程者自身的经验有很大的关系，因此这种编程方法通常称为经验设计法，主要适用于逻辑关系较为简单的梯形图程序。

利用经验设计法设计 PLC 程序大致包括以下几个步骤：

(1) 分析实际的控制要求，选择合适的控制原则；

(2) 设计主令元件和检测元件，确定输入输出设备；

(3) 设计执行元件的控制程序；

(4) 不断检查修改程序，直至程序完善。

2. 经验设计法的特点

经验设计法适用于一些比较简单的程序，可以收到快速、简单的效果。但是这种方法主要依赖于设计人员的主观经验，对设计者的要求比较高，特别要求设计者具有一定的实践经验，且对工业控制系统和工业常见的工艺要求比较熟悉。由于经验设计法无规律可遵循，具有很大的尝试性和随意性，经常需要反复修改和完善才能达到设计要求。由于设计结果不统一，也不规范，一旦设计复杂系统程序，往往会出现下列问题：

(1) 考虑不周，设计麻烦，设计周期长。

使用经验设计法设计复杂系统梯形图时，需要大量的中间元件来完成记忆、联锁、互锁等功能。由于需要考虑众多因素，这些因素又往往交织在一起，分析起来十分困难，而且还容易造成遗漏。另外，修改程序时，某一局部变动很可能会对系统的其他程序造成意想不到的影响，不仅费时费力，而且还难以得到一个满意的结果。

(2) 梯形图的可读性差，系统维护困难。

经验设计法得到的梯形图是按照设计者的经验和习惯思路进行设计的，因此，即使是设计者的同行，想要分析程序也非常困难，而对于维修人员，分析难度则更大，给 PLC 系统的维护和升级均造成了很大的麻烦。

3. 常闭触点输入信号的处理

通常，输入的数字量信号均由外部常开触点提供，但在有些系统中，输入信号只能由常闭触点提供，触点类型与继电器电路中的相反，这对于熟悉继电器电路的用户来说很不习惯，在将继电器电路"转换"为梯形图时也很容易出错。因此，在应用经验设计法时需要特别注意常闭触点输入信号。为了使梯形图和继电器电路中触点的常开/常闭类型相同，应尽可能采用常开触点作为系统的输入信号。如果某些信号只能用常闭触点输入，可以将输入全部按常开触点来设计，最后将梯形图中相应输入位触点改为相反的触点，即常开触点改为常闭触点，常闭触点改为常开触点。

5.3　自锁和互锁电路

自锁和互锁电路是梯形图控制程序中最基本的环节。自锁电路在 PLC 程序中常用于起停控制。互锁电路是指包含两个或两个以上输出线圈的电路，同一时间最多只允许一个输出线圈通电，目的是避免由线圈所控制的对象同时动作。

5.3.1　自锁电路

自锁电路的梯形图如图 5-6 所示，当只按下起动按钮时，%I00105 常开触点和 %I00106 常闭触点均闭合，%Q00105 线圈"通电"，其他常开触点同时闭合，保证%Q00105 线圈持续"通电"，只要按下停止按钮，%I00106 常闭触点打开，%Q00105 线圈才"断电"。自锁电路波形图如图 5-7 所示。

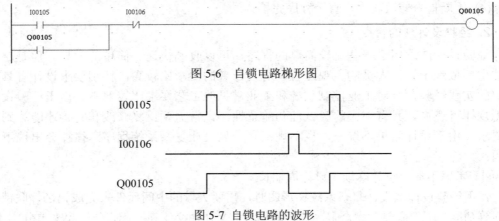

图 5-6　自锁电路梯形图

图 5-7　自锁电路的波形

在自锁电路梯形图中，%I00105 常开触点作为起动开关，%I00106 常闭触点作为停止开关，%Q00105 常开触点用于自锁。自锁电路常用于自复式开关作起动开关，或者只接通一个扫描周期的触点起动一个连续动作的控制电路。

5.3.2 互锁电路

互锁电路梯形图如图 5-8 所示，当只按下起动按钮%I00105 时，%I00105 常开触点和%I00106 常闭触点均闭合，%Q00105 线圈"通电"，其他常闭触点同时断开。因此，即使%I00107 常开触点和%I00108 常闭触点闭合，%Q00106 线圈也不会"通电"，只有当%I00106 常闭触点断开，%Q00105 线圈"断电"后，再按下起动按钮%I00107，%I00107 常开触点和%I00108 常闭触点均闭合，%Q00106 线圈才"通电"，其他常闭触点同时断开。同样，即使%I00105 常开触点和%I00106 常闭触点均闭合，%Q00105 线圈也不会"通电"。互锁电路波形图如图 5-9 所示。

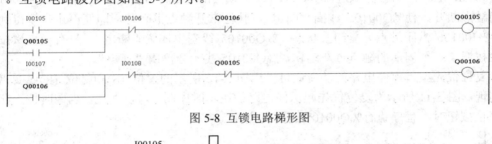

图 5-8 互锁电路梯形图

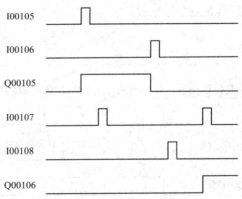

图 5-9 互锁电路的波形

互锁电路梯形图中，%Q00105 和%Q00106 的常闭触点分别与对方的线圈串联在一起，只要任何一个输出线圈"通电"，另一个输出线圈就不能"通电"，从而保证了任何时间任何操作两者均不能同时起动，这种控制称为互锁控制，%Q00105 和%Q00106 常闭触点称为互锁触点。互锁控制常用于两个或两个以上的被控对象不允许同时动作的情况，如电动机的正、反转控制等。

5.4 起动、保持和停止电路

起动、保持和停止电路简称起保停电路，在梯形图中有着广泛的应用。应用工程中可以根据不同的控制要求选择不同的起保停电路。在实际电路中，起动、停止信号可由多个触点组成的串、并联电路提供。

借鉴设计硬件继电器电路图的方法可以设计一些简单的数字量控制系统的梯形图，在一些典型的电路基础上，根据被控对象的具体要求不断修改、调试和完善梯形图。因此，电工手册中常用的继电器电路图可以作为设计梯形图的参考电路。

5.4.1　复位优先型起保停电路

复位优先型起保停电路可以采用自锁电路来实现，梯形图如图 5-6 所示。自复位型起动按钮和停止按钮提供的信号%I00105 和%I00106 为 1 状态的时间很短，一旦按下起动按钮，%I00105 常开触点和%I00106 常闭触点均闭合，%Q00105 线圈"通电"，其他常开触点同时闭合，起动按钮得到释放，%I00105 常开触点断开，能流经%Q00105 常开触点和%I00106 常闭触点流进%Q00105，即自锁功能实现。当按下停止按钮时，%I00106 常闭触点断开，使%Q00105 线圈"断电"，其他常开触点也断开，即使停止按钮得到释放，%I00106 常闭触点恢复闭合状态，%Q00105 线圈也依然"断电"，只有当再次按下起动按钮，上个周期的触点重新动作，%Q00105 线圈会再次"通电"。

复位优先型起保停电路的功能还可以用图 5-10 所示的置位 (S)和复位 (R)线圈指令来实现。图 5-11 所示为复位优先起保停电路的逻辑时序图，可以发现，当同时按下起动和停止按钮时，程序执行%Q00105 线圈复位。

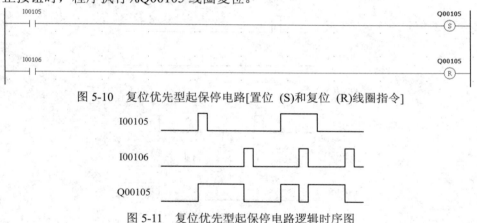

图 5-10　复位优先型起保停电路[置位 (S)和复位 (R)线圈指令]

图 5-11　复位优先型起保停电路逻辑时序图

5.4.2　置位优先型起保停电路

置位优先型起保停电路梯形图如图 5-12 所示，当单独按下起动按钮或停止按钮时，功能等同于复位优先型起保停电路。按下起动按钮，%I00105 常开触点和%I00106 常闭触点均闭合，%Q00105 线圈"通电"，其他常开触点同时闭合，起动按钮得到释放，%I00105 常开触点断开，能流经%Q00105 常开触点和%I00106 常闭触点流进%Q00105。当按下停止按钮时，%I00106 常闭触点断开，使%Q00105 线圈"断电"，其他常开触点也断开。但从图 5-13 所示的置位优先型起保停电路逻辑波形图可以发现，当起动按钮和停止按钮同时按下时，程序执行%Q00105 置位。

置位优先起保停电路的功能也可由图 5-14 所示的置位 (S)和复位 (R)线圈指令来实现。

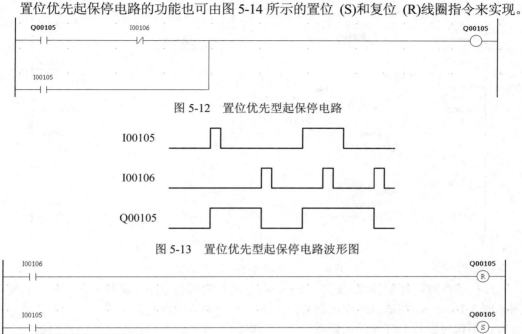

图 5-12　置位优先型起保停电路

图 5-13　置位优先型起保停电路波形图

图 5-14　置位优先型起保停电路(置位 (S)和复位 (R)线圈指令)

5.5　定时电路

在 GE PAC 中，单个定时器的最大计时范围是 32767 s，如果超过这个范围，可以考虑采用多个定时器级连或秒脉冲与计数器扩展的方法来扩展计时范围。本节举三个例子加以说明，读者可举一反三采用其他方法实现。

5.5.1　报警保护电路

为防止电动机堵转时由于热保护继电器失效而损坏，特在电动机转轴上加装一联动装置随转轴一起转动。电动机正常转动时，每转一圈(50 ms)，联动装置使接近开关 SQ 闭合一次，系统则正常运行。若电动机非正常停转超过 100 ms，即接近开关 SQ 不闭合超过 100 ms，系统则自动停车，同时红灯闪烁报警(2.5 s 亮，1.5 s 灭)。堵转超时保护电路梯形图如图 5-15 所示。

分析：根据控制要求确定 I/O 分配，然后编写程序。本例中有定时要求，在编写程序时应先确定定时器的类型、时基。I/O 分配表如表 5-2 所示。

表 5-2　堵转超时保护电路 I/O 分配

输入触点	功能说明	输出线圈	功能说明
%I00105	电动机启动按钮	%Q00105	电动机驱动信号输出
%I00106	电动机停止按钮	%Q00106	红灯闪烁信号输出
%I00107	接近开关 SQ		

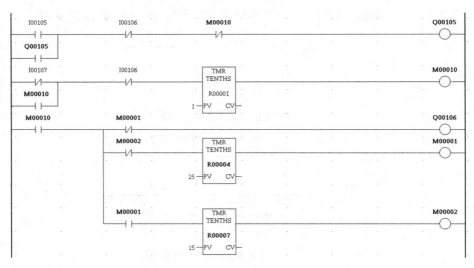

图 5-15　堵转超时保护电路梯形图

该例中红灯闪烁报警(2.5 s 亮，1.5 s 灭)是典型的闪烁电路，又称振荡电路，其波形图如图 5-16 所示。在该电路中可以通过改变时间定时器的设定值生成任意占空比的脉冲信号，不仅可以控制灯光的闪烁频率、通断时间比等，还可以控制电铃、蜂鸣器等，常用于报警、娱乐等场所。

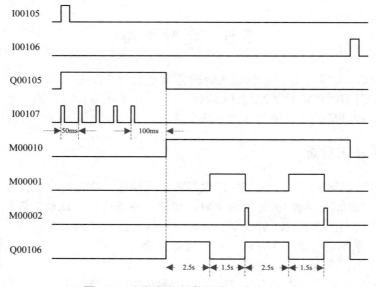

图 5-16　红灯闪烁报警振荡电路波形图

5.5.2　顺序控制电路

顺序控制电路主要用于控制电动机或灯具的前后开启和关闭。开启时，先启动引风机，10 s 后自动启动鼓风机。停止时，先关断鼓风机，20 s 后自动关断引风机，其 I/O 分配如表 5-3 所示。

表 5-3　鼓风机和引风机控制电路 I/O 分配

输入触点	功能说明	输出线圈	功能说明
%I00105	系统启动按钮	%Q00105	引风机驱动信号输出
%I00106	系统停止按钮	%Q00106	鼓风机驱动信号输出

鼓风机和引风机控制电路梯形图程序如图 5-17 所示，时序波形图如图 5-18 所示。

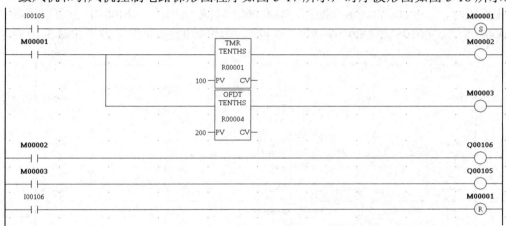

图 5-17　鼓风机和引风机控制电路梯形图

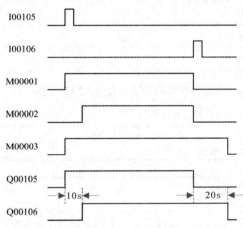

图 5-18　鼓风机和引风机控制电路波形图

5.6　脉冲发生电路

振荡电路也可看作脉冲发生电路，用于改变电路的频率与时间比，主要通过改变脉冲发生电路的频率与脉冲宽度来实现。实际应用中，可根据需要设计多种脉冲发生器。

5.6.1　顺序脉冲发生电路

顺序脉冲发生电路梯形图如图 5-19 所示。当按下起动按钮时，%I00105 常开触点闭合，%M00001 线圈"通电"并自锁，%Q00105 线圈"通电"，同时起动定时器 %R00001；

定时时间 1s 到达时，%M00010 常开触点闭合，常闭触点断开，%Q00105 线圈"断电"，
%Q00106 线圈"通电"，起动定时器%R00004；定时时间 2s 达到后，%M00011 常开触
点闭合，常闭触点断开，%Q00106 线圈"断电"，%Q00107 线圈"通电"，起动定时器
%R00007；定时时间 3s 到达时，定时器%R00007 常闭触点断开一个扫描周期，使%R00001
重新起动，%Q00107 线圈"断电"，%Q00105 线圈"通电"。如此往复循环，直到按下
停止按钮时，%I00106 常闭触点断开，%M00001 线圈"断电"，%M00001 常开触点断开，
%Q00105、%Q00106、%Q00107 线圈"断电"。顺序脉冲发生电路的波形如图 5-20 所示。

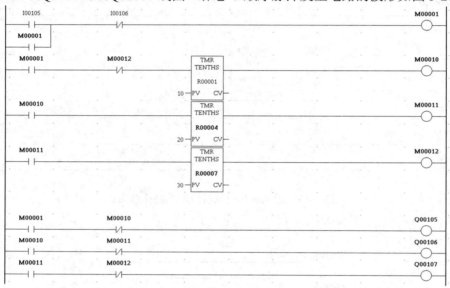

图 5-19　顺序脉冲发生电路梯形图

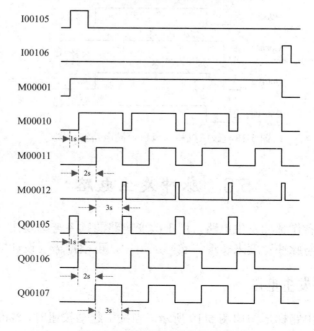

图 5-20　顺序脉冲发生电路波形

5.6.2　脉冲宽度可控制电路

当输入信号宽度不规范时，若要求在每一个输入信号的上升沿产生一个宽度固定的脉冲，且脉冲宽度可调节，同时，当输入信号的两个上升沿之间的宽度小于脉冲宽度时，则可忽略输入信号的第二个上升沿。

脉冲宽度可控电路梯形图如图 5-21 所示，当按下起动按钮时，%I00105 常开触点闭合，%M00001 线圈"通电"并自锁，%Q00105 线圈"通电"，同时起动定时器%R00001；定时时间 2s 到达时，定时器%M00010 常闭触点断开，%M00001 线圈"断电"，%Q00105 线圈也"断电"。脉冲宽度可控制电路的波形如图 5-22 所示。

脉冲宽度可控制电路中，采用输入信号的上升沿触发，将%I00105 的不规则输入信号转化为瞬时触发信号，%Q00105 信号宽度可由定时器%R00001 控制，且宽度不受输入信号%I00105 接通时间的影响。

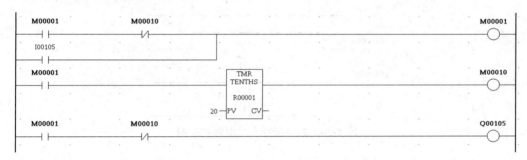

图 5-21　脉冲宽度可控电路梯形图

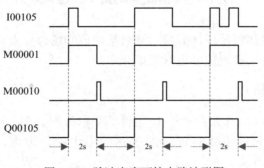

图 5-22　脉冲宽度可控电路波形图

5.6.3　延时脉冲产生电路

延时脉冲产生电路要求在输入信号延迟一段时间后产生一个脉冲信号，常用于获取起动或关闭信号。

延时脉冲产生电路梯形图如图 5-23 所示。当按下起动按钮时，%I00105 常开触点闭合，%M00001 线圈"通电"并自锁，同时起动定时器%R00001，定时时间 10s 到达时，定时器输出线圈%M00002 常开触点闭合，%Q00105 线圈"通电"，%Q00105 常闭触点断开，%M00002 常开触点断开，%Q00105 线圈"断电"。延时脉冲产生电路的波形如图 5-24 所示。

延时脉冲产生的电路中，%Q00105 的延时时间由定时器控制，%Q00105 线圈"通电"时间仅为一个扫描周期，读者可根据需要加以调整。

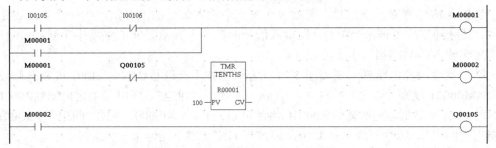

图 5-23　延时脉冲产生电路梯形图

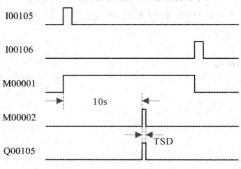

图 5-24　延时脉冲产生电路波形图

5.7　计数器应用电路

本节主要举例说明如何使用计数器，并对某些控制场合要求计数范围较大时，如何对多个计数器进行组合来实现控制进行简单介绍。

5.7.1　仓储管理程序

当零件进入存储区，增计数器增加 1，零件的当前值增加 1；当一个零件离开存储区，减计数器减少 1，存货区的值减少 1；当存货区的零件多于 10 时，红灯显示。仓储管理程序 I/O 分配如表 5-4 所示。

表 5-4　仓储管理程序 I/O 分配

输入触点	功能说明	输出线圈	功能说明
%I00105	入库检测	%Q00105	红灯指示
%I00106	出库检测		
%I00107	复位按钮		

仓储管理程序梯形图如图 5-25 所示。

仓储管理程序采用计数器统计入库与出库数量，其中需注意将入库计数器当前值存入出库计数器中，更新仓库中零件的现有值，出库计数器亦如此。此程序也可用于展厅人数控制等场合。

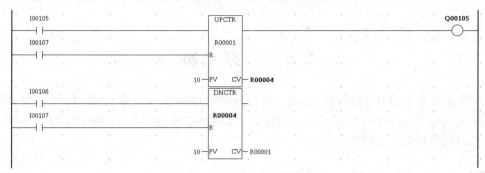

图 5-25 仓储管理程序梯形图

5.7.2 秒脉冲和计数器组合的长时间定时电路

多个定时器组合的长时间定时 1 年的电路梯形图如图 5-26 所示。当按下起动按钮时，%I00105 常开触点闭合，%M00001 线圈"通电"并自锁，同时起动定时器%R00001，定时时间 1min 到达，%M00002 常开触点闭合，起动定时器%R00004；定时时间 1h 到达后，%M00003 常开触点闭合，起动定时器%R00007；定时时间 1d 到达，%M00004 常开触点闭合，起动定时器%R00010；定时时间 1 年到达，%Q00105 线圈"断电"。

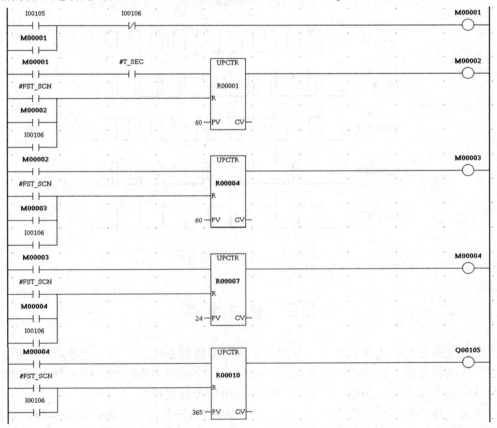

图 5-26 多个定时器组合定时 1 年电路梯形图

5.8　分频电路

在许多控制场合中需要对控制信号进行分频处理，以二分频为例，如图 5-27 所示，将脉冲输入信号%I00105 分频输出，脉冲输出信号%Q00105 即为%I00105 的二分频。分频电路的波形如图 5-28 所示。

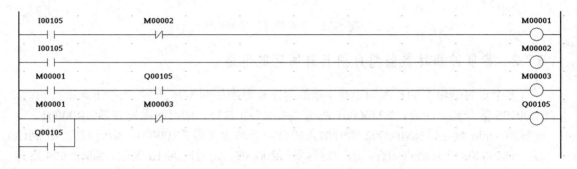

图 5-27　二分频电路梯形图

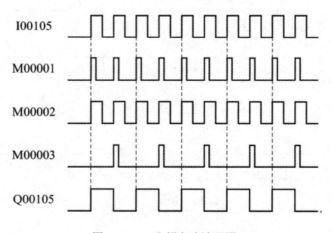

图 5-28　二分频电路波形图

5.9　优先电路

优先电路是互锁电路的扩展，常用于多个故障检测系统中。当一个故障产生后，会接连产生其他故障。排除故障首先需要判断出哪一个故障最先出现，便于分析现场的故障并及时有效地排除。类似地，优先电路也可用于抢答器控制。

优先电路的梯形图如图 5-29 所示，优先电路结构较为简单，没有定时器和计数器，读者可自行分析。

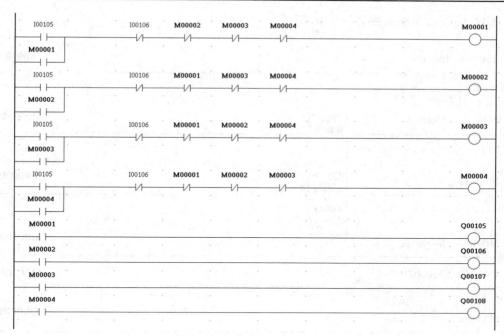

图 5-29　优先电路的梯形图

5.10　移位循环电路

5.10.1　隔灯闪烁控制

在许多控制场合中需要进行间隔循环控制。以隔灯闪烁控制为例，按下起动按钮，%I00105 常开触点闭合，隔灯闪烁：L1、L3、L5、L7，亮 1s 后灭，接着 L2、L4、L6、L8 亮，1s 后灭，再接着 L1、L3、L5、L7 亮，1s 后灭，如此循环下去。按下停止按钮，%I00106 常闭触点断开，停止闪烁。%I00107 和%I00108 为反向循环起停控制按钮。隔灯闪烁程序的 I/O 分配如表 5-5 所示。

表 5-5　隔灯闪烁程序 I/O 分配

输入触点	功能说明	输出线圈	功能说明
%I00105	起动按钮	%Q00001	L1
%I00106	停止按钮	%Q00002	L2
		%Q00003	L3
		%Q00004	L4
		%Q00005	L5
		%Q00006	L6
		%Q00007	L7
		%Q00008	L8

隔灯闪烁程序梯形图如图 5-30 所示。

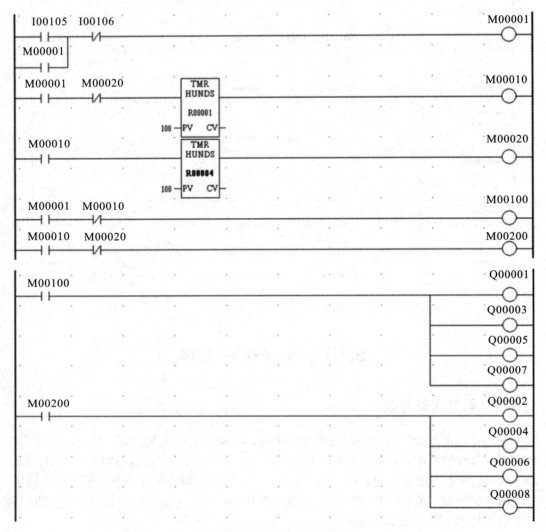

图 5-30　隔灯闪烁程序梯形图

5.10.2　跑马灯控制

运用循环移位指令实现 8 个彩灯的循环左移和右移(即跑马灯控制),其中,%I00105 为启停开关,输出为%Q00001~% Q00008,要求每隔 2.5s 亮一个,%I00106 控制移位方向。

分析:首先建立定时振荡电路,使每次定时时间到达后,循环移位指令开始移位。循环移位在每个定时时间内只移位一次。其次在程序开始时,必须给循环存储器赋初值,如开始时,只有最低位的彩灯亮(为 1)。循环电路的梯形图如图 5-31 所示。

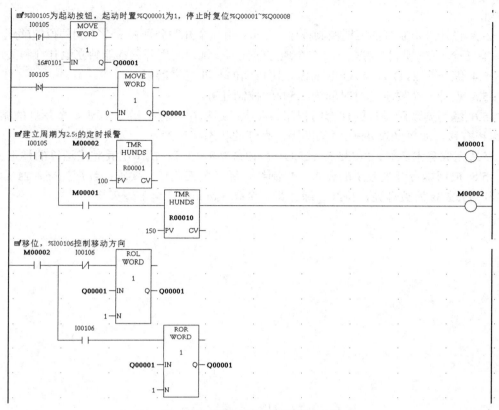

图 5-31 跑马灯循环电路的梯形图

本 章 小 结

本章介绍了编写梯形图时应遵守的规则，以及在初次编程后如何对程序进行优化，并通过实例详细说明数字量控制系统常用的经验设计。数字量控制系统又称为开关量控制系统。对于数字量控制系统，应用经验法设计梯形图时没有固定的方法和步骤遵循，具有很大的试探性和随意性。程序初步设计后，不仅需要模拟调试或现场调试，还需要在发现问题后有针对性地修改程序。

任何复杂的梯形图程序都是由基本的数字电路程序扩展和(或)组合而成。本章介绍了 16 个基本数字电路程序，以说明如何利用 PAC 指令完成程序设计。

习 题

5.1 设计一抢答器，要求：三人中任意抢答，谁先按按钮，谁的指示灯优先亮，且只能亮一盏灯；进行下一问题时主持人按复位按钮后，所有灯灭，下一轮抢答开始。

5.2 试设计一控制系统，要求：第一台电动机启动 10 s 后，第二台电动机自动启动，运行 5s 后，第一台电动机停止，同时第三台电动机自动启动，运行 15 s 后，全部电动机停止。

5.3 设计一走廊灯的三地控制程序。要求：用 3 个开关分别在 3 个不同的位置(每个地方只有 1 个开关)控制一盏灯。在 3 个地方的任何一地，利用开关都能独立地开灯和关灯。

5.4 编一个 2s ON、4s OFF 的占空比可调的脉冲发生器程序。

5.5 设计一个要求延时时间为 1.5 h 的控制任务。

5.6 编写实现跑马灯的梯形图程序。要求：运用循环移位指令实现 4 个彩灯的循环左移和右移，即每经过 4s 的时间间隔，亮灯的状态移动到下一位。

5.7 完成算术运算："(235.5+125.O) ×13.7÷7.8＝？"，试画出其完成运算的梯形图。

5.8 根据舞台灯光效果的要求，控制红、绿、黄三色灯。要求：红灯先亮，2s 后绿灯亮，再过 3s 后黄灯亮，待红、绿、黄灯全亮 3 min 后，全部熄灭。

第 6 章

PAC 综合应用

6.1　运料小车控制

6.1.1　任务要求

运料车自动装、卸料过程示意如图 6-1 所示，其控制要求如下：

(1) 某运料车，可在 A、B 两地分别启动。

(2) 正转启动后，自动返回 A 地停止，同时控制料斗门的电磁阀 Y1 打开，开始下料。1min 后，电磁阀 Y1 断开，关闭料斗门，运料车自动向 B 地运行。到达 B 地后运料车停止，小车底门由电磁阀 Y2 控制打开，开始卸料。1min 后，运料车底门关闭，开始返回 A 地。重复运行。

(3) 若反转启动，则先向 B 地运行。

(4) 运料车在运行过程中，可用手动开关使其停车。再次启动后，可重复(1)的控制要求。

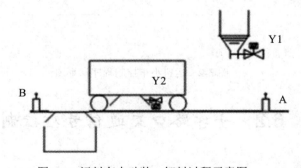

图 6-1　运料车自动装、卸料过程示意图

6.1.2　任务实现

(1) 运料小车控制程序 I/O 分配表如表 6-1 所示。

表 6-1　运料小车控制程序 I/O 分配

输入触点	功能说明	输出线圈	功能说明
%I00105	正转启动按钮	%Q00105	正转输出
%I00106	反转启动按钮	%Q00106	反转输出
%I00107	A 点行程开关	%Q00107	电磁阀 Y1
%I00108	B 点行程开关	%Q00108	电磁阀 Y2
%I00109	停止按钮		

(2) 运料小车控制程序梯形图如图 6-2 所示。

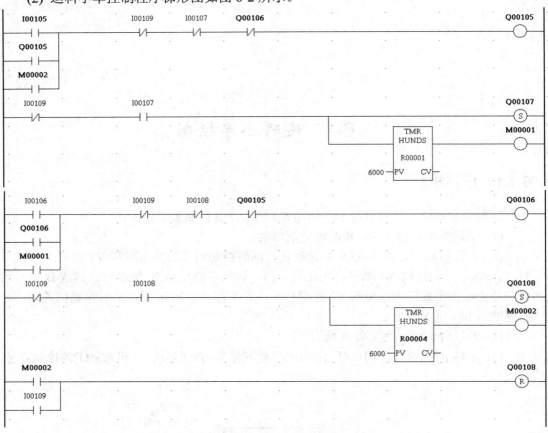

图 6-2　运料小车控制程序梯形图

6.2　十字路口交通信号灯控制

6.2.1　任务要求

　　设计一个十字路口交通信号灯的控制程序，要求按下启动按钮后各信号灯的闪亮时序如图 6-3 所示，当按下停止按钮时，各信号灯均灭。

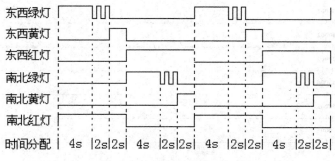

图 6-3　十字路口交通信号灯时序

6.2.2　任务实现

(1) 十字路口交通信号灯控制程序 I/O 分配如表 6-2 所示。

表 6-2　十字路口交通信号灯控制程序 I/O 分配

输入触点	功能说明	输出线圈	功能说明
%I00105	启动按钮	%Q00001	东西方向绿灯
%I00106	停止按钮	%Q00002	东西方向黄灯
		%Q00003	东西方向红灯
		%Q00004	南北方向绿灯
		%Q00005	南北方向黄灯
		%Q00006	南北方向红灯

(2) 十字路口交通信号灯控制程序梯形图如图 6-4 所示。

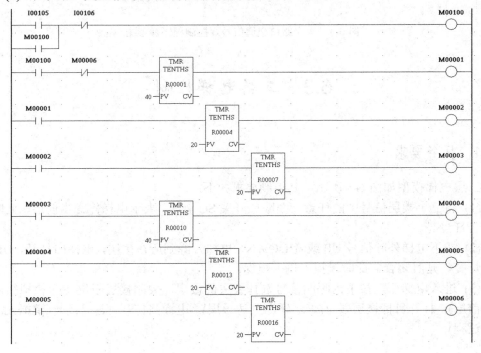

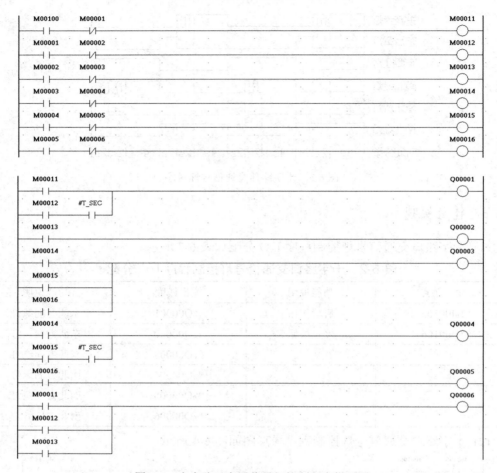

图 6-4　十字路口交通信号灯控制程序梯形图

6.3　三层电梯控制

6.3.1　任务要求

三层电梯模型如图 6-5 所示，其控制要求如下：

(1) 将三个楼层信号中的任意一个限位开关 SQ 置 1，表示电梯停在当前层，此时楼层信号灯点亮。

(2) 按下电梯外呼信号 UP 或者 DOWN，电梯升降到所在楼层，电梯门打开，OPEN 指示灯亮，延时闭合，此时模拟人进入电梯。

(3) 进入电梯后，按下内呼叫信号选择要去的楼层，关闭楼层限位 SQ(模拟轿厢离开当前层)，打开目标楼层限位(表示轿厢到达该层)，电梯门打开，延时闭合(模拟人出电梯的过程)。

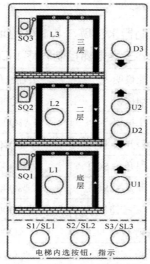

图 6-5　三层电梯模型

6.3.2　任务实现

1. 工作原理

电梯由安装在各楼层门口的上升和下降呼叫按钮进行呼叫操纵，操纵电梯运行方向。电梯轿厢内设有楼层内选按钮 S1~S3，用以选择需停靠的楼层。L1 为一层指示、L2 为二层指示，L3 为三层指示，SQ1~SQ3 为楼层到位行程开关。电梯上升途中只响应上升呼叫，下降途中只响应下降呼叫，任何反方向的呼叫均无效。电梯位置由行程开关 SQ1、SQ2、SQ3 决定，电梯运行用手依次拨动行程开关完成，其运行方向由上升指示灯 UP 和下降指示灯 DOWN 决定。其程序流程如图 6-6 所示。

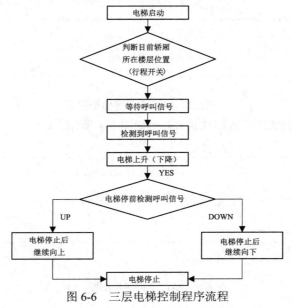

图 6-6　三层电梯控制程序流程

2. 电梯控制程序 I/O 地址分配

该任务可借助于 GE PAC 控制器来实现，其 I/O 地址分配如表 6-3 所示。

表 6-3　　三层电梯控制程序 I/O 分配

输入触点	功能说明	输出线圈	功能说明
%I00001	启动按钮	%Q00001	一层指示灯 SL1
%I00002	停止按钮	%Q00002	二层指示灯 SL2
%I00003	一层行程开关 SQ1	%Q00003	三层指示灯 SL3
%I00004	二层行程开关 SQ2	%Q00004	一层开门指示灯 1FO
%I00005	三层行程开关 SQ3	%Q00005	一层关门指示灯 1FC
%I00006	一层上呼按钮 U1	%Q00006	二层开门指示灯 2FO
%I00007	二层上呼按钮 U2	%Q00007	二层关门指示灯 2FC
%I00008	二层下呼按钮 D2	%Q00008	三层开门指示灯 3FO
%I00009	三层下呼按钮 D3	%Q00009	三层关门指示灯 3FC
%I000010	一层内选按钮 S1	%Q00010	一层上升指示灯 1FU
%I000011	二层内选按钮 S2	%Q00011	二层上升指示灯 2FU
%I000012	三层内选按钮 S3	%Q00012	二层下降指示灯 2FD
		%Q00013	三层下降指示灯 3FD

3. 程序设计

三层电梯控制的 PAC 主程序梯形图如图 6-7 所示。MAIN 程序中 I00001 为启动按钮，I00002 为停止按钮，在第 1 行程序中的 M00030 为置位线圈，而在第 3 行中的 M00030 为复位线圈，实现了启动与暂停功能。CALL LDBK 的功能是执行子程序部分。

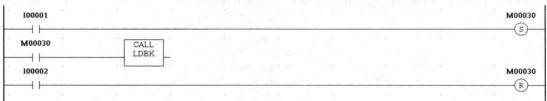

图 6-7　PAC 主程序梯形图

三层电梯控制的 PAC 子程序梯形图(一)如图 6-8 所示。

图 6-8　PAC 子程序梯形图(一)

说明：图 6-8 为行程开关控制程序，打开行程开关，表示到达相应的楼层，且同时控制打开相对应的电梯门。电梯开门 3s 后楼层指示灯自动熄灭。

三层电梯控制的 PAC 子程序梯形图(二)如图 6-9 所示。

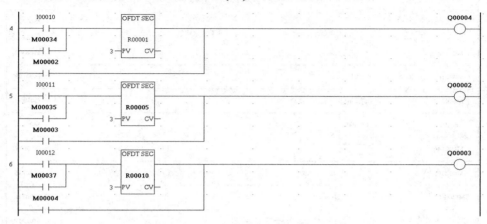

图 6-9　PAC 子程序梯形图(二)

说明：图 6-9 为内选呼应控制，单击相应的楼层，楼层指示灯亮 3s 后自动熄灭。

三层电梯控制的 PAC 子程序梯形图(三)如图 6-10 所示。

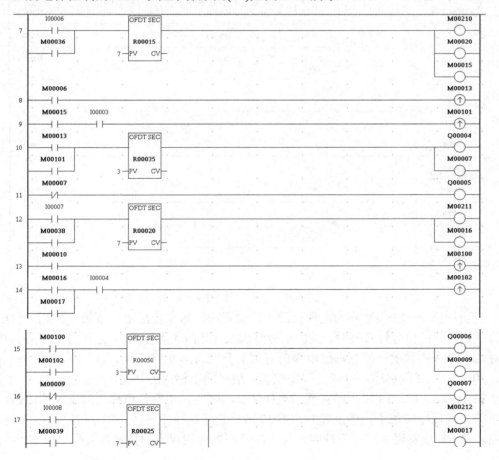

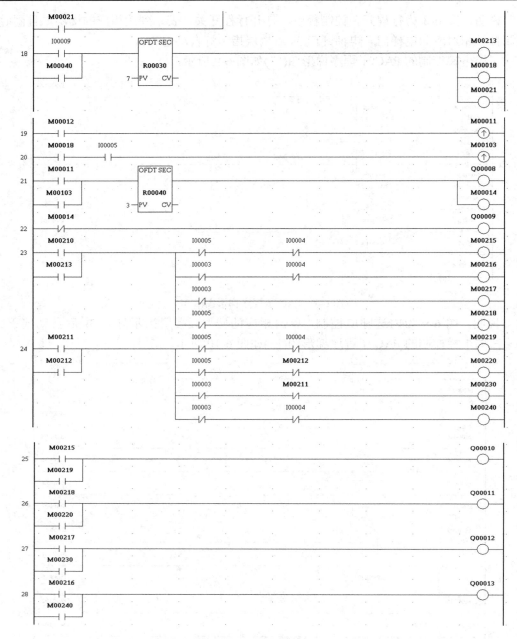

图 6-10　子程序梯形图(三)

说明：第 7~22 段程序为电梯升降的控制程序，每个楼层上、下独立控制。利用常闭开关，当开门信号灯打开时，关门信号灯熄灭，开门状态保持 3s 是利用上升沿和断开延时定时器来实现的。控制每层电梯门开关的分别为第 8、9、10、11、13、14、15、16、19、20、21、22 段程序，每 4 段程序控制一层楼的电梯门的开关。

第 7、12、17、18 段程序实现了电梯轿厢的呼叫，也就是电梯轿厢上下的问题，其中，第 7 段程序实现了一楼上呼叫，第 12 段实现了二楼上呼叫，第 17 段实现了二楼下呼叫，第 18 段实现了三楼下呼叫。每一次呼叫电梯相对应的指示灯会亮 7s，代表着电梯上升或下降到目标楼层的过程。当上升或下降指示灯熄灭时，代表已到达。到达后关闭上一层的行程开关，打开目标楼层的开关，电梯门打开，模拟人出去的过程。

第 23～28 段程序实现了电梯停在三楼、一楼和二楼分别呼叫。在上升过程中，上升指示灯亮；在下降过程中，下降指示灯亮，时间是 7s，代表运行到目标楼层的时间。当运行时间结束后，则可打开目标楼层的行程开关，但是首先要关闭上一层的行程开关。

6.4　液体混合控制

6.4.1　任务要求

三种液体混合装置如图 6-11 所示。

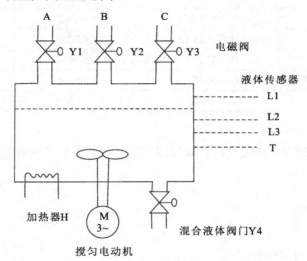

图 6-11　三种液体混合装置示意图

图 6-11 中，L1、L2、L3 为液体传感器，液面淹没时接通；T 为温度传感器，达到规定温度后接通；液体 A、B、C 与混合液体由电磁阀 Y1、Y2、Y3、Y4 控制；M 为搅匀电动机，H 为加热器。液体混合装置的控制要求如下：

(1) 初始状态。装置投入运行时，控制液体 A、B、C 的阀门 Y1、Y2、Y3 关闭，混合液体阀门 Y4 打开直到容器放空后关闭。

(2) 启动操作。按下启动按钮 START，装置开始按下列给定规律运转：

① 控制液体 A 的阀门 Y1 打开，液体 A 流入容器，当液面到达 L3 时，L3 接通，关闭控制液体 A 的阀门 Y1，打开控制液体 B 的阀门 Y2。

② 当液面到达 L2 时，关闭液体 B 阀门 Y2，打开液体 C 阀门 Y3。同时搅匀电机启动，开始对液体进行搅匀。

③ 当液面到达 L1 时，关闭控制液体 C 的阀门 Y3，同时开启加热器 H。

④ 当温度传感器到达设定温度时，加热器 H 停止加热。

⑤ 通过一段时间的延时，搅匀电机停止工作，出水阀门 Y4 打开，将搅匀的液体放出。

⑥ 当液面下降到 L3 时，液面传感器 L3 由接通变断开，再过 3s 后，容器放空，控制混合液体的阀门 Y4 关闭，开始下一周期。

(3) 停止操作。按下停止按钮 STOP 后，等到当前的混合液体操作处理完毕后，才停止操作(停在初始状态)。

6.4.2　任务实现

1. 液体混合控制程序 I/O 地址分配表

PAC 进行三种液体混合控制的 I/O 地址分配如表 6-4 所示。

表 6-4　三种液体混合控制程序 I/O 分配

输入触点	功能说明	输出线圈	功能说明
%I00001	START 开关	%Q00001	液体 A 阀门 Q1
%I00002	STOP 开关	%Q00002	液体 B 阀门 Q2
%I00003	液体传感器 L1	%Q00003	液体 C 阀门 Q3
%I00004	液体传感器 L2	%Q00004	加热炉 Q4
%I00005	液体传感器 L3	%Q00005	搅匀电动机 Q5
%I00006	温度传感器 T	%Q00006	混合液体阀门 Q6

2. 程序设计

可以采用移位指令实现混合液体装置的控制，PAC 控制多种液体混合程序的梯形图如图 6-12 所示。

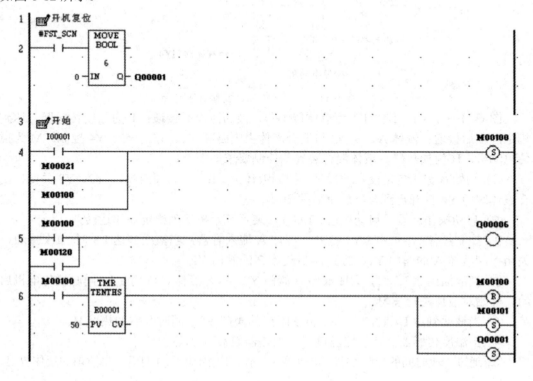

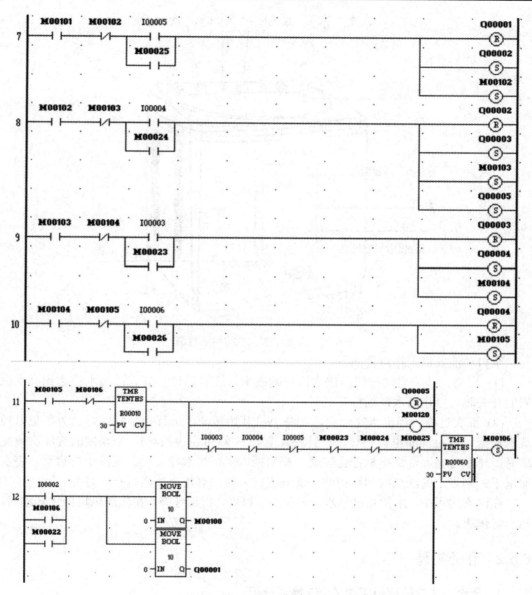

图 6-12　PAC 控制多种液体混合程序梯形图

6.5　洗衣机模拟控制

6.5.1　任务要求

全自动洗衣机是人们日常生活中很普遍使用的自动化电器，给人们的生活带来了方便，下面将模拟全自动洗衣机，了解其工作原理。全自助洗衣服结构如图 6-13 所示。

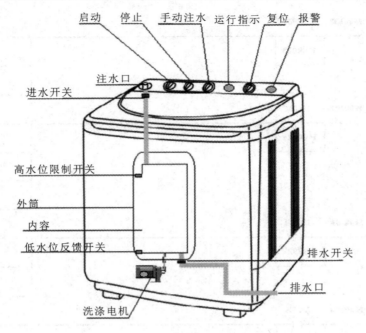

图 6-13　全自动洗衣机结构示意图

全自动洗衣机工作流程如下。

(1) 启动：按下启动按钮，进水口开始进水，进水口指示灯亮；当水位达到高水位限制开关时，停止进水，运行灯亮。

(2) 洗衣过程：当进水完成后，洗涤电机开始转动，运行指示灯闪烁。为了更好地洗涤衣服，设定洗涤电机正转、反转相互交替三次(可自由改动)。当设定的洗涤次数完成时，排水灯亮，洗涤电机停止转动，排出桶内水；当水排完后，洗涤电机启动，将衣服甩干；当设定的洗涤时间结束时，洗衣完成，排水灯熄灭，运行指示灯亮。

在洗衣过程中，水位超过高水位限位点，报警，指示灯亮，在洗涤电机停止转动后，指示灯熄灭。

6.5.2　任务实现

1. 全自动洗衣机模拟控制的 I/O 地址分配

PAC 进行洗衣机模拟控制的 I/O 地址分配如表 6-5 所示。

表 6-5　洗衣机模拟控制程序 I/O 分配

输入触点	功能说明	输出线圈	功能说明
%I00001	启动按钮	%Q00001	进水控制
%I00002	停止按钮	%Q00002	出水控制
%I00003	上限按钮	%Q00003	电机正转
%I00004	下限按钮	%Q00004	电机反转
		%Q00005	运行指示灯
		%Q00006	报警

2. 程序设计

PAC 实现洗衣机模拟控制的程序梯形图如图 6-14 所示。

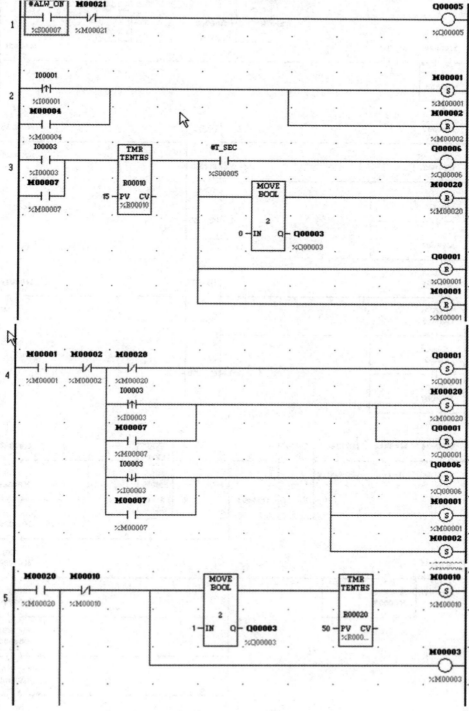

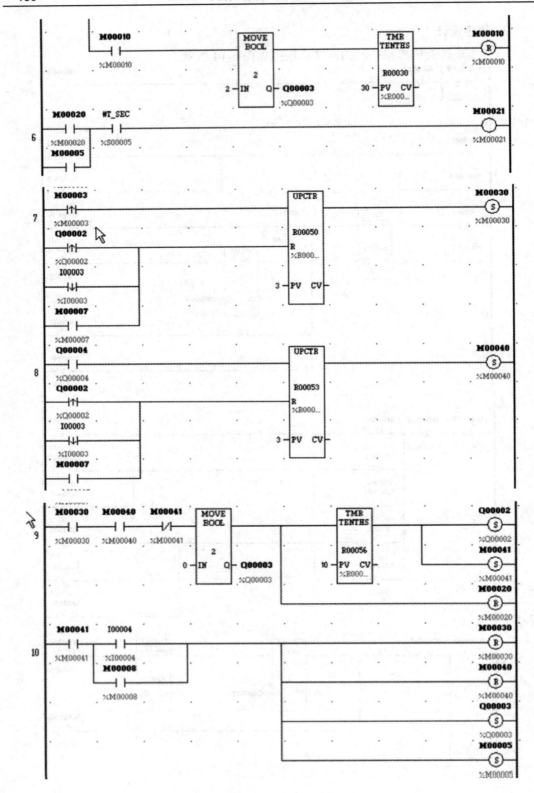

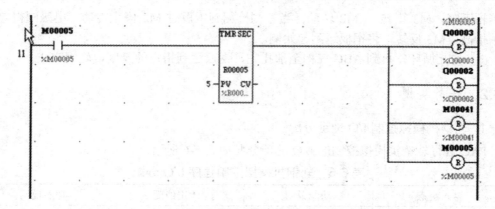

图 6-14　PAC 洗衣机模拟控制程序梯形图

6.6　轧钢机模拟控制

6.6.1　任务要求

冶金企业中轧钢机是重要的组成部分，用 PLC 实现对轧钢机的模拟，图 6-15 为轧钢机工作示意图。

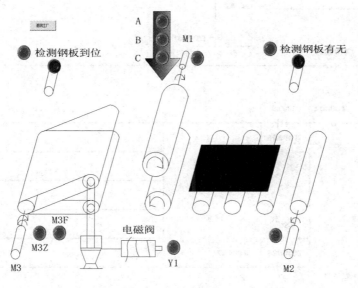

图 6-15　轧钢机工作示意图

轧钢机工作流程：

(1) 当起始位置检测到有工件时，电机 M1、M2 和 M3 开始转动，M3 正转，同时轧钢机的档位至 A 档，将钢板扎成 A 档厚度，当钢板运行到左检测位，电磁阀得电将左面滚轴升高，M2 停止转动，电机 M3 反转将钢板送回起始侧。

(2) 起始侧检测到有钢板，轧钢机跳到 B 档，把钢板扎成 B 档厚度，电磁阀得电，将滚轴下降，M3 正转， M2 转动；当左侧检测到钢板时 M2 停止转动，电磁阀得电将滚轴抬高，M3 反转，将钢板运到起始侧。

(3) 如此循环，直到 ABC 三档全部扎完，钢板达到指定的厚度，轧钢完成。

6.6.2　任务实现

1. 轧钢机模拟控制 I/O 地址分配

PAC 进行轧钢机模拟控制的 I/O 地址分配如表 6-6 所示。

表 6-6　轧钢机模拟控制程序 I/O 分配

输入触点	功能说明	输出线圈	功能说明
%I00001	启动按钮	%Q00001	M1
%I00002	停止按钮	%Q00002	M2
%I00003	检测到位	%Q00003	M3Z
%I00004	检测有无	%Q00004	M3F
		%Q00005	A

2. 程序设计

PAC 实现轧钢机模拟控制的程序梯形图如图 6-16 所示。

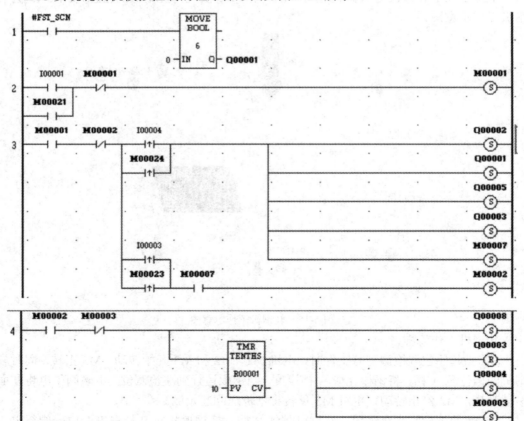

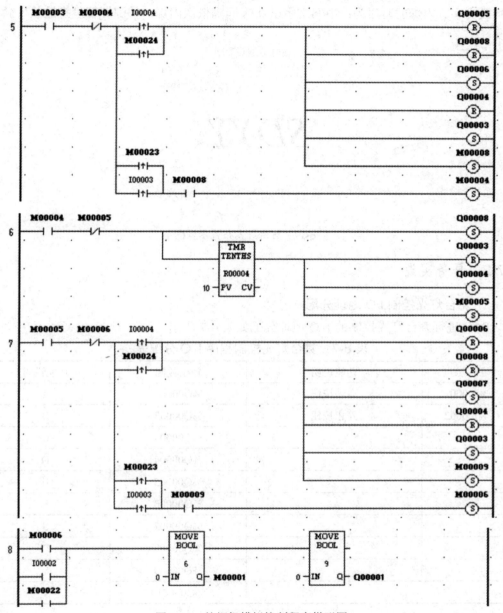

图 6-16　轧钢机模拟控制程序梯形图

6.7　舞台灯光控制

6.7.1　任务要求

霓虹灯广告、舞台灯光控制甚至喷泉都可以采用 PAC 进行控制，如灯光的闪耀、移位及时序的变化等。图 6-17 为舞台灯光布置示意图，共有 10 道灯管，包括直线、拱形、圆形及文字。闪烁的时序为：中间文字以 0.5s 间隔依次闪烁，外围灯管呈扩散状。循环往复。

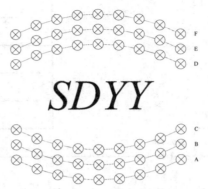

图 6-17　舞台灯光布置示意图

6.7.2　任务实现

1. 舞台灯光控制 I/O 地址分配

PAC 进行舞台灯光控制的 I/O 地址分配如表 6-7 所示。

表 6-7　舞台灯光控制程序 I/O 分配表

输入触点	功能说明	输出线圈	功能说明
%I00001	启动按钮	%Q00001	A
%I00002	停止按钮	%Q00002	B
		%Q00003	C
		%Q00004	D
		%Q00005	E
		%Q00006	F
		%Q00007	S
		%Q00008	D
		%Q00009	Y
		%Q000010	Y

2. 程序设计

PAC 实现舞台灯光控制的程序梯形图如图 6-18 所示。

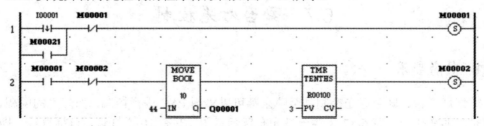

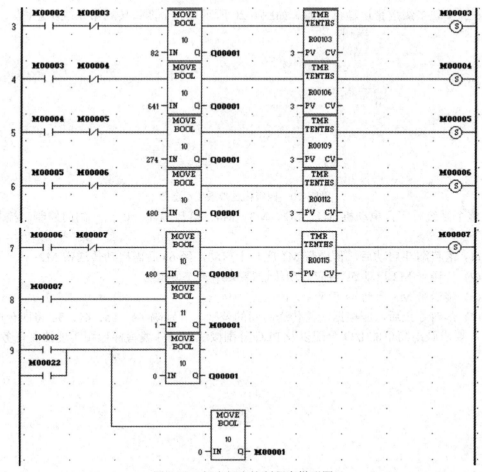

图 6-18　舞台灯光控制程序梯形图

习　题

6.1　设计一小车送料程序，如图 6-19 所示。控制要求：当按下启动按钮后，小车在原地停留 15 s 装料，然后自动驶向 A 处卸料，在 A 处停留 10 s 后自动返回原地装料，15 s 后自动驶向 B 处，在 B 处停留 10 s 卸料后，又返回原处装料，15 s 后自动驶向 C 处，在 C 处停留 10 s 卸料后，又返回原处停止；当再次按下启动按钮后，重复上述动作，可随时手动停车。

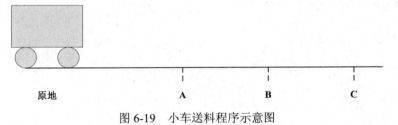

图 6-19　小车送料程序示意图

6.2　实现多级皮带运输机控制。如图 6-20 所示是一个四级传送带系统示意图。

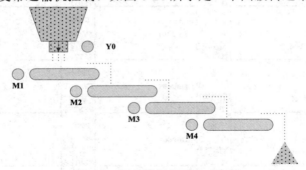

图 6-20　四级传送带系统示意图

整个系统有四台电动机 M1、M2、M3、M4，落料漏斗 Y0 由一阀门控制。控制要求如下：

(1) 落料漏斗启动后，传送带 M1 应马上启动，经 6s 后需启动传送带 M2；

(2) 传送带 M2 启动 5s 后应启动传送带 M3；

(3) 传送带 M3 启动 4s 后应启动传送带 M4；

(4) 落料停止后，应根据所需传送时间的差别，分别隔 6s、5s、4s、3s 将四台电机停车。要求画出简单的 I/O 分配以及 PLC 外围接线图，并编写梯形图实现控制任务。

第 7 章

PAC 设备通信

7.1　基于 Profibus 协议的设备通信

Profibus 是德国国家标准 DIN19245 和欧洲标准 EN50170 的现场总线标准，包含 3 种类型：Profibus-DP、Profibus-FMS 和 Profibus-PA。该总线标准是以西门子公司为主的德国公司和研究所共同推出的，在工厂实际应用有很多，例如，基于 Profibus-DP 现场总线技术的 VCM 转化器数据采集系统。本教材以采用 Profibus-DP(Decentralized Periphery) 现场总线协议实现异步电机的控制系统为例，介绍基于 Profibus 协议的 PAC 设备通信。

7.1.1　Profibus-DP 通信协议

Profibus-DP 适用于设备级控制系统与分散式 I/O 的通信，主站通过标准的 Profibus-DP 专用电缆与分散的现场设备(远程 I/O、驱动器、阀门、智能传感器或下层网络等)进行通信，对整个 DP 网络进行管理和控制。在 Profibus-DP 中大部分数据交换是周期性的，第 1 类主站(Master)循环地读取各从站(Slave)的输入信息，并向各从站发出有关的输出信息。另外，使用 Profibus-DP 可取代 24 V 直流电压或 4～20 mA 信号传输。

1. GSD 文件

GSD 文件又称设备描述文件，包含了与设备有关的固有信息，如设备型号、生产厂家等，还定义了通信支持波特率、上行和下行报文长度等通信协议描述信息，因此 GSD 文件是 Profibus-DP 组态时必需的。产品的 GSD 文件为免费资料，不随设备发售，如有需要可到相关网站下载。

2. Profibus-DP 通信协议

Profibus-DP 的协议结构见表 7-1 中所列。

表 7-1　Profibus-DP 的协议结构

用户层	DP 设备行规
	DP 基本功能和扩展功能
	DP 用户接口(直接数据链路映射程序 DDLM)
第 3 层至第 7 层	空
第 2 层(数据链路层)	现场总线数据链路层
第 1 层(物理层)	物理层

7.1.2　Profibus-DP 通信系统硬件组成

基于 Profibus-DP 现场总线协议的异步电机控制系统主要包括 GE PAC System RX3i 系列 Profibus 总线控制器、ABB 变频器(Profibus-DP 通信)和按钮/指示灯操作执行机构等。通过对按钮操作将信号传送给 PLC 输入点，PLC CPU 根据程序进行逻辑分析，将执行信息通过 PAC System RX3i 系列 Profibus 总线控制器以 Profibus-DP 协议发送给 ABB 变频器，ABB 变频器收到信号后让下级电机执行相应动作，同时，将电机状态信息通过 Profibus-DP 总线反馈给 PAC System RX3i 系列 Profibus 总线控制器，以便更好地了解电机实时状态。

硬件具体型号为变频器 ACS355 和异步电机 YS-5024、Profibus-DP 适配器模块 FPBA-01 和 PAC 中的 Profibus 通信模块 IC695PBM300 等。

1. 变频器 ACS355

按下 LOC REM 按钮，可将变频器切换到远程控制模式。ACS355 的外形如图 7-1 所示。

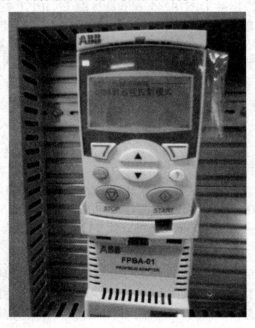

图 7-1　变频器 ACS355

表 7-2 为变频器控制参数设置列表。

表 7-2　变频器控制参数设置

类型	地址	功能	参数
控制字	%AQ0001	初始化	1142
		起动	1151
		停止	1150
速度字	%AQ0002	正转	正值
		反转	负值

2. Profibus-DP 适配器模块 FPBA-01

Profibus-DP 适配器模块 FPBA-01(见图 7-2)是 ABB 传动的一个可选设备,它可将传动连接到 Profibus 网络。在 Profibus 网络中,ABB 传动作为从机。FPBA-01 的布局如图 7-3 所示。

图 7-2　Profibus-DP 适配器模块 FPBA-01

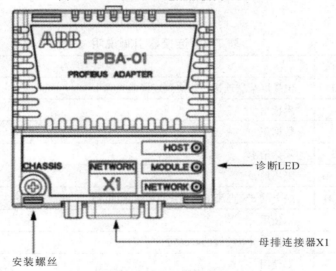

图 7-3　适配器模块布局

1) 适配器模块应用

通过适配器模块可以:

· 给传动发送控制命令 (如启动、停止、运行允许);
· 给传动提供电机速度或转矩给定;
· 给传动的 PID 控制器提供过程实际值或过程给定;
· 从传动读取状态信息和实际值;
· 改变传动参数值;
· 复位传动故障。

2) 兼容性

Profibus-DP 适配器模块 FPBA-01 与下列传动兼容：

- ACS355；
- ACSM1；
- ACS850；
- ACQ810；
- ACS880。

适配器模块 FPBA-01 Profibus-DP 适用于所有支持 Profibus-DP-V0 和 Profibus DP-V1 通信协议的主机站。

3) X1 的引脚分配及接线

将总线电缆连接到适配器模块的连接器 X1 上，按照 Profibus-DP 标准，连接器的引脚分配如图 7-4 所示，其引脚说明如表 7-3 所示。

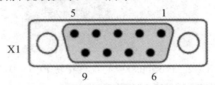

图 7-4　连接器引脚分配

表 7-3　连接器引脚说明

序号	名称	说明
1	SHLD	电缆屏蔽层连接，连接到连接器外壳上
2		未使用
3	B	数据正
4	RTS	发送请求
5	GND_B	隔离地
6	+5V_B	隔离的 5V 直流电压供电 (最大 30 mA)
7		未使用
8	A	数据负 (双绞线的导体 2)
9		未使用
Housing	SHLD	PROFIBUS 电缆屏蔽层。经过一个 RC 过滤器内部接至 GND_B，并直接接至 CH_GND（机壳）

注：+5V_B 和 GND_B 用于总线终端器。在一些设备中，RTS 用于决定传输方向。在一般应用中，仅使用线 A、线 B 和屏蔽层。

4) D-SUB 9 芯连接器

推荐使用 Profibus 认证的 D-SUB 9 芯连接器。D-SUB9 连接器带有用于对站点电容进行补偿的内置终端网络和电感。将电缆连接到 D-SUB9 芯连接器，如图 7-5 所示。

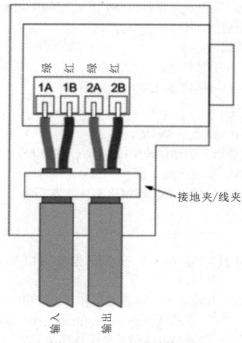

图 7-5　D-SUB 9 芯连接器

5) 接通总线终端器

总线终端器用于防止总线电缆终端的信号反射。适配器模块通常不带内置的总线终端器，因此，总线的第一个和最后一个模块的 D-SUB9 芯连接器终端电阻必须处于打开状态，如图 7-6 所示。

适配器模块可以为一个有源型终端电路提供电源(最大 30 mA)。

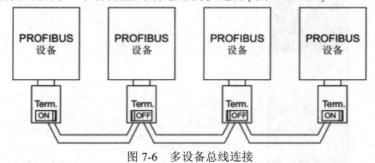

图 7-6　多设备总线连接

3. Profibus 主站模块(IC695PBM300)

RX3i Profibus 主模块 IC695PBM300，允许 RX3i CPU 在 Profibus-DP 网络上发送和接收数据。注意：模块必须安装在 RX3i 通用背板上，模块支持热插拔。

1) 特性

IC695PBM300 模块包括下列特性：

- 最多支持 125 个 Profibus-DP 从站；
- 每个从站最多支持 244 个字节输入数据和 244 个字节输出数据；

- 总共支持 3584 个字节输入数据和 3584 个字节输出数据;
- 支持所有标准数据通信速率;
- 支持同步和冻结模式;
- 支持 DP-V1 读写和报警信息;
- Profibus 兼容模块和网络状态 LED。

2) 技术指标: PBM300

- 背板电流消耗: 440 mA @ 3.3VDC。
- 数据通信速率: 支持所有的通信速率(9.6 kb/s, 19.2 kb/s, 93.75 kb/s, 187.5 kb/s, 500 kb/s, 1.5 Mb/s, 3 Mb/s, 6 Mb/s 和 12 Mb/s)。
- 状态信息: 从站状态位数组表, 网络诊断计数器, DP 主站诊断计数器, 模块固件版本, 从站诊断地址。

3) 状态指示灯

Profibus 主站模块(见图 7-7)提供 3 个 Profibus 兼容的 LED(见图 7-8), 用来指示模块和网络状态:

- PROFIBUS OK LED 常绿, 表示电源提供和背板复位完成。
- NETWORK LED 常黄, 表示模块获得 Profibus 令牌, 并能够传输 Profibus 报文; LED 黄色闪烁, 表示模块正与网络上的另一个主站模块分享网络; 网络 LED 为红色, 表示出现通信问题, 如网络上至少一个子站连接超时。
- MOD STATUS LED 指示模块状态。当 LED 常绿时, 模块已经配置, 与网络上至少 1 个子站建立连接; 如果 LED 绿色闪烁, 模块可能在等待配置信息或者出现固件问题; 如果 LED 黄色闪烁, 模块处于启动装置模式, 下载固件, 或者遇到不可恢复错误。LED 闪烁的频率能够提供附加的状态信息。

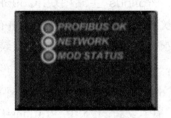

图 7-7　Profibus 主站模块(IC695PBM300)　　　　图 7-8　PBM300 模块状态指示灯

7.1.3　Profibus-DP 通信系统软件配置

1. Profibus-DP 通信点

Profibus-DP 通信点的设置见表 7-4。

表 7-4　Profibus-DP 通信点

序号	地址(16bit)	参数组	设置值	说明
1	AQ0015	5501	1(CW)	控制字
2	AQ0016	5502	2(Ref1)	速度
3	AQ0017	5503	3(Ref2)	转矩
4	AQ0018	5504	2202	加速时间
5	AQ0019	5505	2203	减速时间
6	AI1361	5401	4(SW)	状态字
7	AI1362	5402	5(Act1)	速度
8	AI1363	5403	6(Act2)	转矩
9	AI1364	5404	102	转速
10	AI1365	5405	104	电流
11	AI1366	5406	109	输出电压

2. PAC 通信模块 IC695PBM300 配置

(1) 配置可编程自动控制器(Programmable Automation Ccntroller，PAC)硬件。Profibus-DP 总线中模块 IC695PBM300 的配置如下：

① 展开 Rack 0，鼠标右击"Slot 6( )"，选择并点击"Add　uddle"，然后在"Bus Controller"中选中模块"IC695PBM300"，单击"OK"，添加成功，如图 7-9 所示。

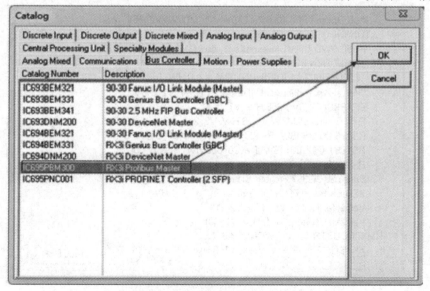

图 7-9　IC695PBM300 选择

② 鼠标双击 **Slot 6 (IC695PBM300)**，打开参数配置界面，如图 7-10 所示。

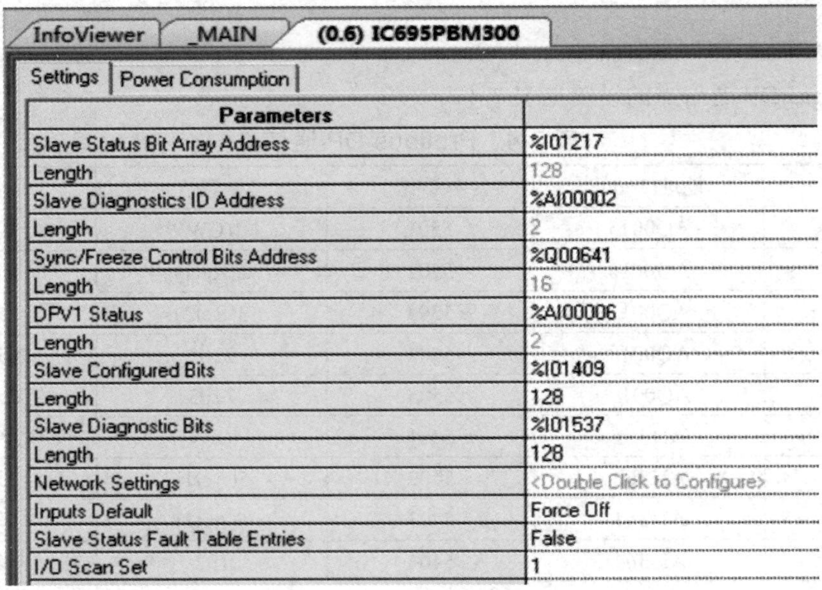

Parameters	
Slave Status Bit Array Address	%I01217
Length	128
Slave Diagnostics ID Address	%AI00002
Length	2
Sync/Freeze Control Bits Address	%Q00641
Length	16
DPV1 Status	%AI00006
Length	2
Slave Configured Bits	%I01409
Length	128
Slave Diagnostic Bits	%I01537
Length	128
Network Settings	<Double Click to Configure>
Inputs Default	Force Off
Slave Status Fault Table Entries	False
I/O Scan Set	1

InfoViewer / _MAIN / (0.6) IC695PBM300

Settings | Power Consumption

图 7-10　IC695PBM300 参数配置

(2) 配置从设备"ABB Drivers FPBA-01 DP-V1":

① 鼠标右键单击 **Slot 6 (IC695PBM300)**，选择命令"Add Slave。"

② 弹出 Slave Catalog 对话框，选择 **Have Disk...**，如图 7-11 所示。

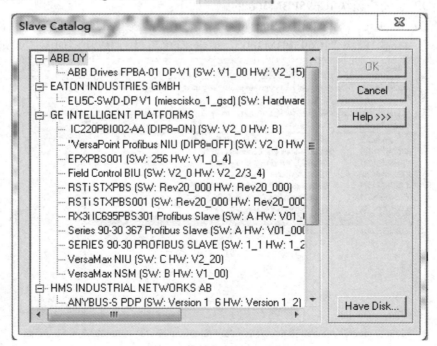

图 7-11　导入 GSD 文件

③ 寻找路径"FPBA-01 v.2161 and later\DPV1"(根据 GSD 文件所在位置而定)，找到 ☐ **ABB10959.gsd** 文件，点击 打开(O) 。

④ 选择"ABB Drivers FPBA-01 DP-V1"，单击 OK ，如图 7-12 所示。

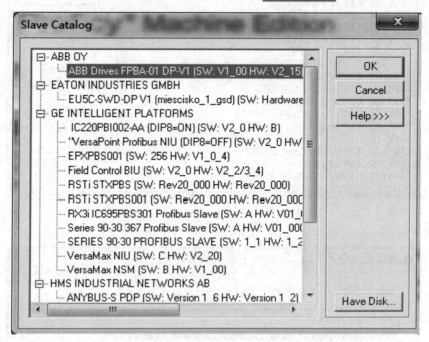

图 7-12　选择从设备"ABB Drivers FPBA-01 DP-V1"

⑤ 鼠标右键单击新添加的从设备"ABB Drivers FPBA-01 DP-V1"，选择"Configure"。

选择"General"标签下的"Station"，改为 Station: 4 ，如图 7-13 所示。

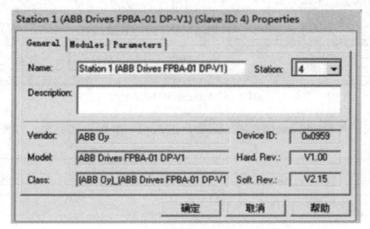

图 7-13　General 标签配置

选择"Modules"标签，在 Modules 标签下选择 Add ，弹出 Select New Module 对话框，选择"PPO-04,0PKW+6PZD"，点击 OK ，如图 7-14 所示。

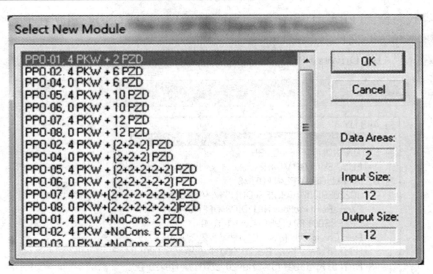

图 7-14　Select New Module 配置

选择"Parameter"标签，选择"DPV1"，点击"确定"，如图 7-15 所示。

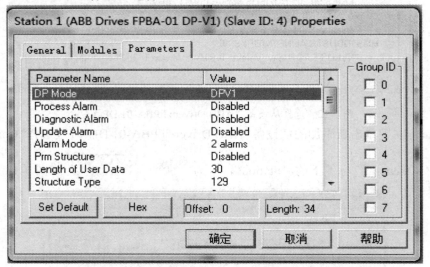

图 7-15　Parameter 标签配置

⑥ 鼠标双击 `[0] PPO-04, 0 PKW + 6 PZD *`，进入相应参数设置界面，如图 7-16 所示。

Data Areas					
Area	Type	Ref Address	Length	Swap Bytes	
1	Analog In	%AI01361	6	False	
1	Analog Out	%AQ00015	6	False	

图 7-16　PPO-04 地址分配

⑦ 鼠标右击 `Slot 6 (IC695PBM300)`，在弹出的菜单中选择"Network Settings…"，进行参数设置。

选择 General 标签下的站号，更改为 Station: [0 ▼]，如图 7-17 所示。

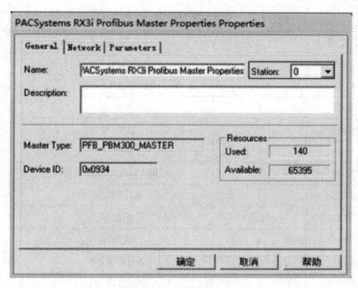

图 7-17 Slot 6 "Network Settings..." 的 General 标签

选择 "Network" 标签，更改波特率为 1.5MBps，其他默认，点击 "确定"，如图 7-18 所示。

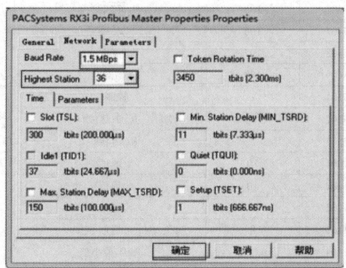

图 7-18 Slot 6 "Network Settings..." 的 Network 标签

(3) 建立监视栏，编辑通信状态字/控制字，如图 7-19 所示。

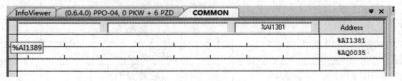

图 7-19 状态字和控制字监视栏

3. 变频器配置

变频器参数设定步骤可按表 7-5 进行。

表 7-5　变频器 Profibus 参数设置

序号	参数组	设置值	说明	备注
1	9802	4	外部现场总线	模块激活
2	5101	(只读)	PROFIBUS-DP	适配器设置
3	5102	4	节点号	
4	5103	1500	波特率	
5	5104	4	PPO4(6 字节)	
6	5105	1	ABB Drives 通信配置	
7	5127	1	刷新参数	
8	5131	(只读)	适配器状态	
9	5401	4	状态字	输入
10	5402	5	Act1(速度)	
11	5403	6	Act2(转矩)	
12	5404	102	转速	
13	5405	104	电流	
14	5406	105	转矩	
15	5407	106	功率	
16	5408	107	直流电压	
17	5409	109	输出电压	
18	5501	1	控制字	输出
19	5502	2	Ref1(速度)	
20	5503	3	Ref2(转矩)	
21	1001	10	通信	控制选择
22	1002	10	通信	
23	1102	8	通信	
24	1103	8	通信	
25	1104	0.0Hz	Ref1 最小值	
26	1105	50.0Hz	Ref1 最大值	
27	1106	8	通信	
28	1601	7	通信	
29	1604	8	通信	
30	3018	3	故障动作选择	故障功能
31	3019	3.0S	故障延时	

7.1.4　Profibus-DP 通信系统逻辑程序设计

（1）鼠标右键单击"Program Blocks"新建子程序"Profibus_com"，如图 7-20 所示。

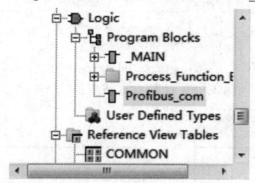

图 7-20　新建子程序"Profibus_com"

（2）鼠标双击主程序，编辑逻辑程序"-MAIN"如图 7-21 所示。

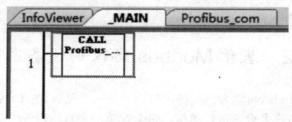

图 7-21　编辑主程序"_MAIN"

（3）鼠标双击子程序"Profibus_com"，编辑逻辑程序，进行低速模式设定，如图 7-22 所示。

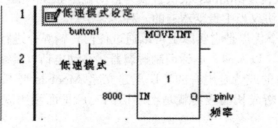

图 7-22　低速模式设定

（4）编辑逻辑程序，进行高速模式设定，如图 7-23 所示。

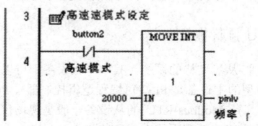

图 7-23　高速模式设定

(5) 编辑逻辑程序，电机启动，如图 7-24 所示。

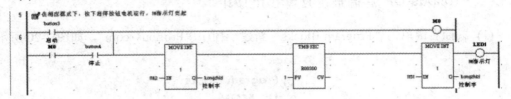

图 7-24　电机启动

(6) 编辑逻辑程序，电机停止，如图 7-25 所示。

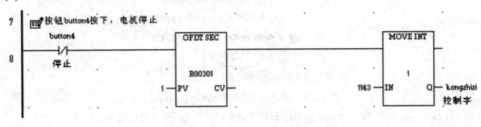

图 7-25　电机停止

7.2　基于 Modbus 协议的设备通信

Modbus 是由 Modicon(现为施耐德电气公司的一个品牌)在 1979 年发明的，其目的是采用一根双绞线与许多设备进行通信，是全球第一个真正用于工业现场的总线协议。Modbus 最初的方案使用 RS-232 接口，但也适用于 RS-485 接口，以获得更高的通信速率、更长的通信距离，实现真正的多分支网络结构。Modicon 公司向社会公开发布 Modbus，不收任何版税，Modbus 很快就成为自动化工业领域的一项事实上的标准，是今天大家使用的工业协议当中最受欢迎的一种。

Modbus 的另一个优点是它实际上可以通过任何传输媒介进行通信，包括双绞线、无线通信、光导纤维、以太网、电话调制解调器、移动电话以及微波等，这就意味着可以很容易地在一个新的或者是现有的工厂里建立起 Modbus 连接。事实上，一个正在 Modbus 应用领域不断成长的应用就是在老旧的工厂里面利用现有的双绞线连接提供 Modbus 数字通信。

本教材以采用 Modbus-RTU 协议实现伺服电机的控制系统为例，介绍基于 Modbus 协议的 PAC 设备通信。

7.2.1　Modbus-RTU 通信协议

Modbus 是一种"主-从"结构的系统，其中"主设备"可以与一个或是多个"从设备"进行通信。比较典型的主设备是 PLC(可编程逻辑控制器)、PC、DCS(分散控制系统)或者 RTU(远程终端单元)。Modbus-RTU 的从设备一般是现场仪表设备，所有现场仪表设备都以多分支网络的方式连接到系统中，参见图 7-26。当一个 Modbus-RTU 主设备想要从一台从设备得到数据时，这个主设备就会发送一条包含设备地址、所需数据以及一个用于检测错误的求和校验码的信息。网络上的其他设备都可以看到这一条信息，但是只有地址被指定的设备才会作出反应。

目前使用的三种最常见的 Modbus 版本是 Modbus ASCII、Modbus-RTU 和 Modbus/TCP，它们之间的差别是信息是怎样进行编码的。Modbus-RTU 协议，数据以二进制编码，而且每一个字节的数据只需要一个字节的通信量。对于通信速度在 1200 波特率到 115K 波特率的 RS-232 或者多分支网络的 RS-485 网络来说，Modbus-RTU 是一种理想的通信协议。Modbus-RTU 最为常见的通信速率为 9600 波特率和 19200 波特率。

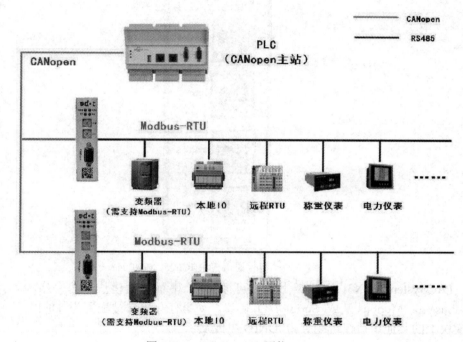

图 7-26　Modbus-RTU 网络

图 7-26 是一个由一台"主站(一台 PLC 或 DCS)"和最多 247 个"从站"设备构成的 Modbus-RTU 网络，其网络架构是多分支网络连接。

7.2.2　Modbus-RTU 通信系统硬件组成

基于 Modbus-RTU 协议的伺服电机控制系统硬件包括 GE 的 PAC System RX3i 系列串行通信模块、伺服驱动器/伺服电机以及按钮/指示灯操作执行机构等。通过操作按钮将输入信号发送给 GE PAC 的输入端，PAC 通过逻辑分析判断，将执行信号传给 PAC System RX3i 系列串行通信模块，最后发送给伺服驱动器，伺服驱动器使其连接的伺服电机实现相应动作。

硬件型号为伺服驱动器 M2DV-1D82R 和伺服电机 SM0402AE4-KCD-NNV(调试软件为 M Servo Suite V1.0.16.1206)，欧姆龙传感器 EESX672WR 和 PAC 中的串行通信模块 IC695CMM004。

1. 控制器模块介绍

PAC Systems RX3i 串行通信模块 IC695CMM004(见图 7-27)扩展了 RX3i 系统串行通信的能力，提供四个独立的、隔离的串口、而串行通信模块 IC695CMM002 只提供两个独立的隔离串口(图 7-27 中的 PORT 1 和 PORT 2)。

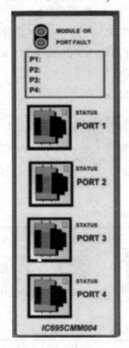

图 7-27　串行通信模块(IC695CMM004)

PACSystems RX3i 主机架上最多可插 6 个串行通信模块。每个串口均可配置为 Modbus 主、Modbus 从或 Serial I/O 协议。如果任一串口被配置为 DNP3 主或从，则该模块上的其他串口仅可配置为 DNP3 主或从。

对于固件版本 1.32 及以后的模块，使用 ME5.90、SP1、SIM6 及以后版本的工流控制，默认其为全双工方式，也可配置为半双工方式。

(1) 特性如下：

- 串口间隔离和串口与背板间隔离。
- 支持 RS-232、RS-485/422 通信，软件选择。
- 硬件握手：RTS/CTS 用于 RS-232 通信。
- 可选的通信速率：1200、2400、4800、9600、19.2k、38.4k、57.6k 和 115.2k，单位为波特率。
- 模块故障状态报告(看门狗，Ram 故障，Flash 故障)。
- 模块特性和状态报告，包括 LED 状态指示灯。
- 符合 CE、UL/CUL508 和 1604 以及 ATEX 要求。
- 闪存用于将来升级。

串行通信模块必须安装在 RX3i 通用底板上，支持热插拔。

(2) 指示灯：CMM002 & CMM004，如图 7-28 所示。

图 7-28　CMM004 模块状态指示灯

MODULE OK：指示灯指示模块的状态，常绿表示模块已配置。如果模块没有从 RX3i 背板接收到供电电源或存在严重的模块故障，则 MODULE OK 指示灯为 Off。

模块在执行上电诊断时，MODULE OK 指示灯绿色闪烁；当模块收到来自 CPU 的配置时，MODULE OK 指示灯闪得更慢。

如果存在问题，MODULE OK 指示灯琥珀色闪烁，闪烁代码指示了错误原因，闪烁代码如下：

- 1 = 看门狗超时；
- 2 = RAM 错误；
- 6 = 无效的 CPU 主接口版本；
- 7 = CPU 心跳故障；
- 8 = 获取旗语失败。

PORT FAULT：指示灯指示所有串口的状态。当启用端口无故障存在时，PORT FAULT 指示灯为绿色；如果指示灯变成琥珀色，指示至少有一个串口存在故障。

CMM004 模块串口如图 7-29 所示。

图 7-29　CMM004 模块串口

CMM004 每个串口是标准的 RJ45 插孔连接器，引脚定义如表 7-6 所示。对于 Modbus 应用，这些引脚的定义不同于标准的 Modbus 引脚定义。如果端口定义为 Modbus 主或从，则需要定制通信电缆。

表 7-6　CMM004 模块串口引脚定义

RJ-45Pin	RS-232	RS-485/422 Half Duplex	RS-485/422 Full Duplex
8	COM	GND	GND
7			Termination 2
6	CTS		R − (RxD0)
5	COM	GND	GND
4		Termination 1	
3	RxD		R+ (RxD1)
2	TxD	T- / R − (D0)	T − (TxD0)
1	RTS	T+ / R+ (D1)	T+ (TxD1)

默认情况下，每个端口被设置成无端接。如果模块是 RS-485 网络上的第一台或最后一台设备，那么需要设置终端电阻。终端电阻可以使用一个外部电阻或端口内置的 120 终端电阻。

2. 驱动器配置介绍

1) RS-485 通信接线

R 型驱动器的 CN6 及 CN7 采用标准 RJ45 设计，可组建 RS-485 菊花链网络。用户除了可以使用 SCL 进行通信控制外，也可以使用 Modbus RTU 协议进行通信控制。

2) RS-485 引脚定义

RS-485 通信型驱动器可以使用网线通过驱动器侧面的双口 RJ45 连接器进行菊花链的级联，如图 7-30 所示。

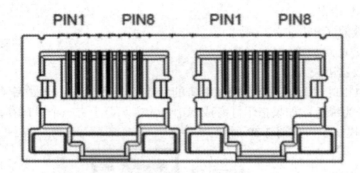

图 7-30　驱动器 RS-485 通信接口

RJ45(8p8c)引脚定义如表 7-7 所示。

表 7-7　RJ45(8p8c)引脚定义

脚位	定义
4，5，6，7，8	GND
1	RX+
2	RX −
3	TX+
6	TX −

M2 系列交流伺服的 RS-485 通信支持两线制或四线制接法，主机控制时的连接方式可以是点对点(一台主机对一台 M2 驱动器)，也可以组建多站式网络(一个通道最多可支持 32 台 M2 驱动器)。

3) RS-485 四线制(全双工方式)

RS-485 四线制中的数据发送和接收分别使用独立的线缆，主机通过一对连接到驱动器 RX+和 RX − 端的线缆向驱动器发送数据，又通过一对连接到驱动器 TX+和 TX − 端的线缆接收驱动器发送的数据，如图 7-31 所示。另外，每个驱动器上还有一个逻辑地端，可用于将所有驱动器的逻辑地共地。总线中首台驱动器的逻辑地与主控制器必须共地。

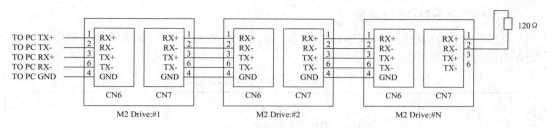

图 7-31　驱动器 RS-485 四线制接法

4) RS-485 两线制(半双工方式)

RS-485 两线制中的数据发送和接收使用的是相同的线缆，如图 7-32 所示。主机在接收数据前必须先停止发送状态，即当主机发送一条查询命令后，在驱动器应答前，主机必须停止发送状态，否则驱动器发送的数据将无法被主机接收。驱动器可设定发送延时，通过更改参数可以调整或补偿主机停止发送状态的时间。用户可通过总线发送 TD 指令来统一设定所有驱动器的发送延时时间，也可以通过 Step-Servo Quick Tuner 软件对驱动器进行设置。与 RS-485 四线制的区别是，在 RS-485 四线制接法中，用户可以设置较短的发送延迟。

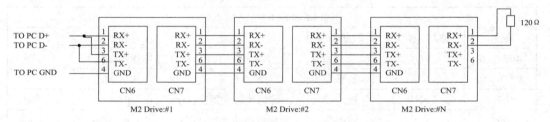

图 7-32　驱动器 RS-485 两线制接法

7.2.3　Modbus RTU 通信系统软件配置

1. Step-Servo Quick Tuner 软件设置

打开 Step-Servo Quick Tuner 软件，将控制模式选为"Modbus"，地址修改为"1"，如图 7-33 所示。

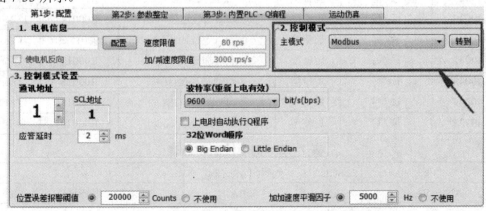

图 7-33　驱动器调试软件控制模式/通信地址修改

2. Modbus RTU 通信点表

表 7-8 所列为驱动器 Modbus 功能码，表 7-9 所列为伺服参数映射寄存器地址，表 7-10 为伺服控制字点表。

表 7-8　驱动器 Modbus 功能码

功能	代码 十六进制(十进制)	信　息
读取 4X 寄存器	03(03)	读取从站点中的寄存器(4X 给定值)的二进制内容
写单个 4X 寄存器	06(06)	写一个值到单个寄存器(4X 给定值)，当广播时，在所有相关的从站点中写相同的寄存器给定值
写多个 4X 寄存器	10(16)	写值到多个寄存器(4X 给定值)，当广播时，在所有相关的从站点中写相同的寄存器给定值
读/写 4X 寄存器	17(23)	在单个 Modbus 数据处理中，完成一个读操作和一个写操作的组合(功能码 03 和 10)。注意：在读操作之前完成写操作

表 7-9　伺服参数映射寄存器地址

伺服 Modbus RTU 通信点表					
地址	读/写(R/W)	数据类型	描述	寄存器地址	备注
40005..6	只读	长整型	编码器位置(EP)	R00001..2	1 脉冲
40009..10	写	长整型	绝对位置(SP)	R00002..4	1 脉冲
40011	只读	短整型	瞬时实际速度(IV0)	R00005	1/240r/s
40012	只读	短整型	瞬时给定速度(IV1)	R00006	1/240r/s
40013	只读	短整型	瞬时驱动器温度(IT)	R00007	0.1℃
40014	只读	短整型	瞬时母线电压(IU)	R00008	0.1V
40019	只读	短整型	瞬时电流(IC)	R00009	0.01A
40020..21	只读	长整型	相对位置(ID)	R00010..11	1 脉冲
40028	读/写	短整型	点到点定位加速度(AC)	R00012	1/6r/s
40029	读/写	短整型	点到点定位减速度(DE)	R00013	1/6r/s
40030	读/写	短整型	点到点定位速度(VE)	R00014	1/240r/s
40031..32	读/写	长整型	点到点定位距离(DI)	R00015..16	1 脉冲
40047	读/写	短整型	点动加速度(JA)	R00017	1/6r/s
40048	读/写	短整型	点动减速度(JL)	R00018	1/6r/s
40049	读/写	短整型	点动速度(JS)	R00019	1/240r/s
40125	读/写	短整型	Command Opcode	R00020	控制字

表 7-10　伺服控制字点表

功能	SCL	代码(十六进制)	备注
Alarm Reset	AX	0xBA	报警复位
Start Jogging	CJ	0x96	点动运行

续表

功能	SCL	代码(十六进制)	备注
Stop Jogging	SJ	0xD8	点动停止
Feed to Length	FL	0x66	相对位置运动
Feed to Position	FP	0x67	绝对位置运动
Motor Disable	MD	0x9E	电机去使能
Motor Ensable	ME	0x9F	电机使能
Stop Move，Kill Buffer	SK	0xE1	紧急刹车
Stop Move，Kill Buffer	SKD	0xE2	电机停止

注意：在 Modbus 数据信息中，寄存器 4xxxx 地址为 xxxx。如寄存器 40002，地址为 0002。

控制字 (CW) 是现场总线系统控制变频器的重要手段，由现场总线控制器发送给伺服，伺服根据接收到的控制字个位定义的命令工作。

状态字 (SW) 包含了变频器状态信息，由伺服上传到现场总线控制器。

3. Modbus RTU 模式下控制器配置

控制器以 RTU 模式在 Modbus 总线上进行通信时，信息中的每 8 位字节分成 2 个 4 位十六进制的字符，其主要优点是在相同波特率下传输字符的密度高于 ASCII 模式，而且要求每个信息必须连续传输。

RTU 模式中每个字节的格式如下：

编码系统：8 位二进制，十六进制 0～9，A～F；

数据位：1 起始位，8 位数据，低位先送，奇/偶校验时 1 位，无奇偶校验时 0 位，停止位 1 位(带校验)，停止位 2 位(无校验)，带校验时停止位 1 位，无校验时停止位 2 位；

错误校验区：循环冗余校验(CRC)。

4. 配置通信端口

(1) 利用 ME 软件打开项目工程，鼠标右键单击"Slot3( )"，选择 "Communications" 标签，双击串行通信模块(IC695CMM002)，具体配置如图 7-34 所示。

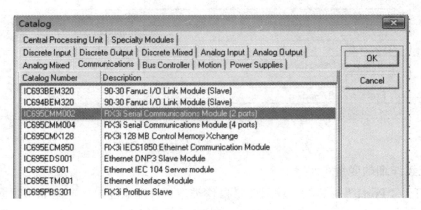

图 7-34　串行通信模块(IC695CMM002)配置

(2) 鼠标双击硬件“Slot 3 (IC695CMM002)”，打开端口配置如图 7-35 所示。

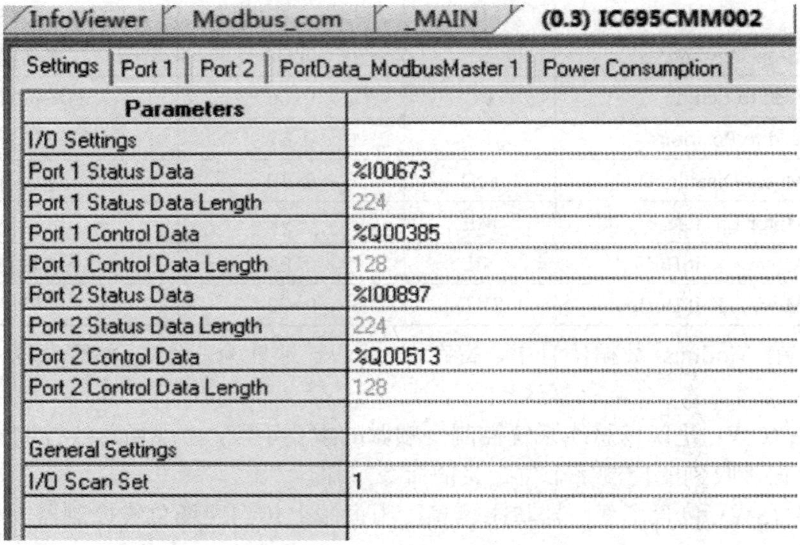

Parameters	
I/O Settings	
Port 1 Status Data	%I00673
Port 1 Status Data Length	224
Port 1 Control Data	%Q00385
Port 1 Control Data Length	128
Port 2 Status Data	%I00897
Port 2 Status Data Length	224
Port 2 Control Data	%Q00513
Port 2 Control Data Length	128
General Settings	
I/O Scan Set	1

图 7-35　CMM002 模块端口配置

(3) 使能“Port1”端口，选择“MODBUS Master”，“Data Rate”选择“9600”，配置端口通信速率、奇/偶校验方式、停止位、接线型式(全双工方式、半双工方式)，配置通信状态地址“User Config ID”为“1”，如图 7-36 所示。

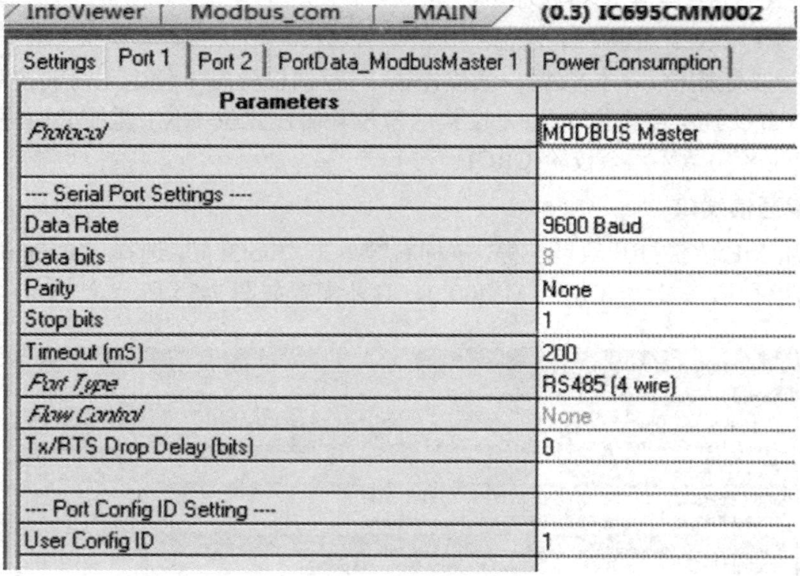

Parameters	
Protocol	MODBUS Master
---- Serial Port Settings ----	
Data Rate	9600 Baud
Data bits	8
Parity	None
Stop bits	1
Timeout (mS)	200
Port Type	RS485 (4 wire)
Flow Control	None
Tx/RTS Drop Delay (bits)	0
---- Port Config ID Setting ----	
User Config ID	1

图 7-36　CMM002 模块“Port 1”配置

5. 配置详细的变量

(1) 打开“Port1”标签栏，输入变量操作类型、目标地址、参考地址和数据长度等，如图 7-37 所示。

Data Exchange Number	Operation	Station Address	Target Type	Target Address	Ref Address	Ref Length
Data Exchange Number 1	Read Continuous	1	Holding Regs (4x)	5	%R00001	1
Data Exchange Number 2	Write Continuous	1	Holding Regs (4x)	9	%R00003	1
Data Exchange Number 3	Write Continuous	1	Holding Regs (4x)	10	%R00004	1
Data Exchange Number 4	Read Continuous	1	Holding Regs (4x)	11	%R00005	1
Data Exchange Number 5	Read Continuous	1	Holding Regs (4x)	12	%R00006	1
Data Exchange Number 6	Read Continuous	1	Holding Regs (4x)	13	%R00007	1
Data Exchange Number 7	Read Continuous	1	Holding Regs (4x)	14	%R00008	1
Data Exchange Number 8	Read Continuous	1	Holding Regs (4x)	20	%R00010	1
Data Exchange Number 9	Read Continuous	1	Holding Regs (4x)	21	%R00011	1
Data Exchange Number 10	Write Continuous	1	Holding Regs (4x)	*Editable Range Variable: Low Limit = 1, High Limit = 247* 00012		
Data Exchange Number 11	Write Continuous	1	Holding Regs (4x)	29	%R00013	1
Data Exchange Number 12	Write Continuous	1	Holding Regs (4x)	31	%R00015	1
Data Exchange Number 13	Write Continuous	1	Holding Regs (4x)	47	%R00017	1
Data Exchange Number 14	Write Continuous	1	Holding Regs (4x)	48	%R00018	1
Data Exchange Number 15	Write Continuous	1	Holding Regs (4x)	49	%R00019	1
Data Exchange Number 16	Write Continuous	1	Holding Regs (4x)	125	%R00020	1
Data Exchange Number 17	Disabled	1	Holding Regs (4x)	125	%R00021	1
Data Exchange Number 18	Read Continuous	1	Holding Regs (4x)	6	%R00002	1
Data Exchange Number 19	Read Continuous	1	Holding Regs (4x)	19	%R00009	1
Data Exchange Number 20	Write Continuous	1	Holding Regs (4x)	30	%R00014	1
Data Exchange Number 21	Write Continuous	1	Holding Regs (4x)	32	%R00016	1
Data Exchange Number 22	Disabled	1				

图 7-37　CMM002 模块"Port Data_Modbus Master1"配置

(2) 定义各变量名称并做相应分配，如图 7-38 所示。

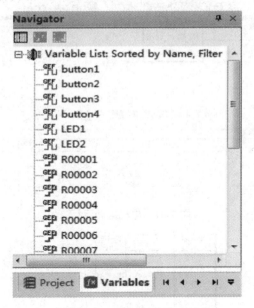

图 7-38　定义各变量名称及地址分配

7.2.4　Modbus RTU 通信系统逻辑程序设计

(1) 右击"Program Blocks"新建子程序"Modbus_com"，如图 7-39 所示。

(2) 鼠标双击主程序，编辑逻辑程序，如图 7-40 所示。

(3) 鼠标双击子程序"Modbus_com"，编辑逻辑程序。按下"button1"按钮，电机先使能，随后开始运转，如图 7-41 所示。

(4) 电机点运动需要给定点动加速度、点动减速度、点动速度，如图 7-42 所示。

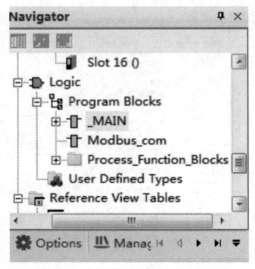

图 7-39　新建子程序"Modbus_com"

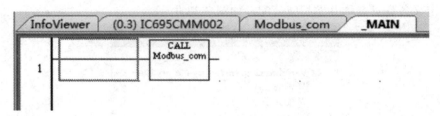

图 7-40　编辑主程序"_MAIN"

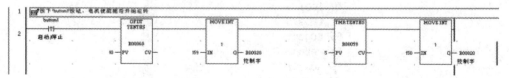

图 7-41　电机电动运行

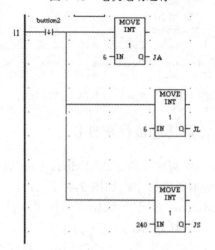

图 7-42　电机点动速度给定

（5）抬起"button1"按钮，电机停止运转，如图 7-43 所示。

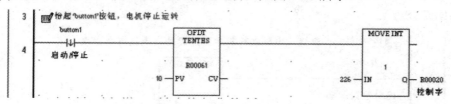

图 7-43　电机停止运行

（6）当瞬时实际速度大于 0 时，电机正转指示灯 LED1 亮起，如图 7-44 所示。

图 7-44　电机正转指示灯 LED1

（7）按下"button2"按钮，点到点定位距离高位"R00015"乘－1 变为相反数，伺服电机正转，如图 7-45 所示。

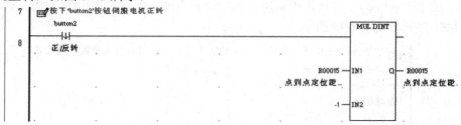

图 7-45　电机正转运行

（8）当瞬时实际速度(R00006)小于 0，电机反转指示灯 LED2 亮起，如图 7-46 所示。

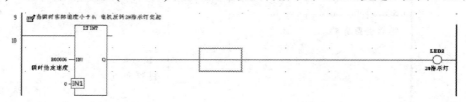

图 7-46　电机反转指示灯 LED2

（9）抬起"button2"按钮，点到点定位距离高位"R00015"乘－1 变为相反数，伺服电机反转，如图 7-47 所示。

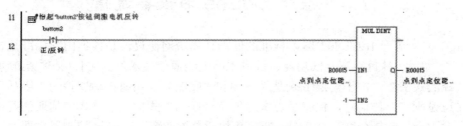

图 7-47　电机反转运行

(10) 按下"button3"按钮,电机进行相对位置运动,走完指令距离,抬起则清空控制字,如图 7-48 所示。

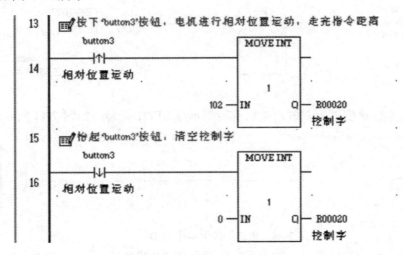

图 7-48　电机相对位置运行

(11) 按下"button4"按钮,电机进行绝对位置运动,回到零位(电机上电位置);抬起则清空控制字,如图 7-49 所示。

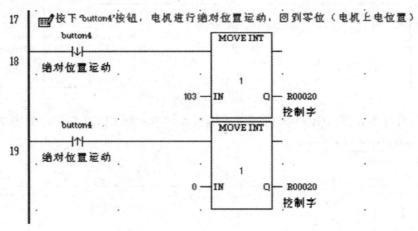

图 7-49　电机绝对位置运行

7.3　基于 ZigBee 的设备通信

ZigBee 是基于 IEEE 802.15.4 标准的低功耗局域网协议,是根据国际标准规定的。ZigBee 技术是一种短距离、低功耗、低成本的无线通信技术,其名称(又称紫蜂协议)来源于蜜蜂的八字舞,由于蜜蜂(bee)是靠飞翔和"嗡嗡"(zig)地抖动翅膀的"舞蹈"向同伴传递花粉所在方位信息,也就是说蜜蜂依靠这样的方式构成了群体中的通信网络,其特点是近距离、低复杂度、自组织、低功耗和低数据速率。ZigBee 控制器主要适用于自动控制和远程控制领域，可以嵌入各种设备，实现简单可靠、价格低廉、功耗低、无线连接的监测和控制。

本教材以温湿度数据采集显示为例，采用 ZigBee 控制器通过 USB 口转 RS-232 及 RS-232 转 RS-485 连接至上位机的"KD58B10 室内 LED 显示温湿度传感器工具软件"来实现温湿度数据采集显示。

7.3.1　ZigBee 通信协议

随着国内经济的高速发展，城市规模在不断扩大，尤其是各种交通工具的增长更迅速，使得城市交通需求与供给的矛盾日益突出，如果仅靠扩大道路交通基础设施来缓解的做法已难以为继。在这种情况下，智能公交系统(Advanced Public Transportation Systems，APTS)应运而生。在智能公交系统所涉及的各种技术中，无线通信技术尤为引人注目。ZigBee 作为一种新兴的短距离、低速率的无线通信技术，更是得到了越来越广泛的关注和应用。

目前 ZigBee 在国内的厂商逐渐发展起来，专注于 ZigBee 研发，推出了多款 ZigBee 产品，主要有 ZigBee 无线数传终端、嵌入式无线数传模块、标签式无线数传模块和无线数据采集终端，并进行了很多基于 ZigBee 技术的应用，如智能家居系列单品、无线照明控制系统等。

ZigBee 网络的主要特点是低功耗、低成本、低速率、支持大量节点、支持多种网络拓扑、低复杂度、快速、可靠和安全。

ZigBee 带有无线模块，只需配一台中心模块，其拓扑结构如图 7-50 所示。

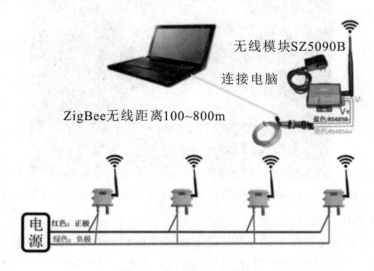

图 7-50　ZigBee 拓扑结构

7.3.2　ZigBee 通信系统硬件组成

基于 Modbus-RTU 协议的伺服电机控制系统的硬件包括 USB 口转 RS-485 设备、数显温湿度变送器传感器和 ZigBee 无线采集终端。

1. USB 口转 RS-485 设备

USB 口转 RS-485 设备包括 USB 口转 RS-232 线缆及 RS-232 转 RS-485 器件，如图 7-51 所示。

图 7-51　RS-232 转 RS-485 器件(左)与 USB 口转 RS-232 线缆(右)

2. 数显温湿度变送器传感器与 ZigBee 无线采集终端

KD21Z10 数显温湿度变送器传感器和 SZ5090B ZigBee 无线采集终端实际设备如图 7-52 所示。

图 7-52　KD21Z10 数显温湿度变送器传感器(左)与 SZ5090B ZigBee 无线采集终端(右)

1) KD21Z10 数显温湿度变送器传感器

KD21Z10 数显温湿度变送器传感器是配合美国瑞士专用温湿度传感器及 ZigBee 无线技术，基于工业用 Modbus-RTU 协议实现的低成本温湿度状态在线监测的实用型一体化传感器，其应用领域包括 SMT 行业温湿度数据监控、电子设备厂温湿度数据监控、冷藏库温湿度监测、仓库温湿度监测、药厂 GMP 监测系统、环境温湿度监控、电信机房温湿监控和其他需要监测温湿度的各种场合等。

KD21Z10 特点：监测距离更远，设备功能更强，抗干扰能力较强。

(1) 数显温湿度变送器传感器的技术参数如表 7-11 所示。

表 7-11　KD21Z10 数显温湿度变送器传感器技术参数

参数	技术指标
温度测量范围	− 40~+85℃
传感器标称测温精度	±0.5℃ @25℃
显示测湿范围	0~100%RH
传感器测湿精度	±4.5%RH @25℃
波特率	9600 (可订制其他波特率)
通信端口	ZigBee 无线
无线频率	2.4G ISM 全球免费频段(ZigBee)
网络类型	星型网
网络容量	65535 个网络节点
供电电源	总线供电，DC6 ~ 24V 1A
耗电	2W
运行环境	− 40~+85℃
外形尺寸	115 mm×85 mm×41mm

(2) 数显温湿度变送器传感器的接口说明。直接使用设备带的引线，可以根据颜色提示进行接线，见表 7-12。

表 7-12　KD21Z10 数显温湿度变送器引脚定义及对应颜色

标号	说明	线色	技术说明
V+	供电电源正	红色	电源正，电压范围：DC6 ~ 24V
V-	供电电源负	绿色	电源负极

2) SZ5090B 系列 ZigBee 无线采集终端

SZ5090B 系列 ZigBee 无线采集终端实际设备如图 7-53 所示。

图 7-53　SZ5090B 系列 ZigBee 无线采集终端

SZ5090B 是基于 ZigBee 的工业级无线数据采集模块，主要用于基于工业用 Modbus-RTU 协议的无线设备的数据集中采集，实现低状态在线监测的实用型数采模块。该设备应用领域同 KD21M10 数显温湿度变送器传感器。

为便于工程组网及工业应用，SZ5090B 模块采用工业广泛使用的 Modbus-RTU 通信协议，支持二次开发，用户只需根据 Modbus-RTU 通信协议即可使用任何串口通信软件实现模块数据的查询和设置。

(1) SZ5090B 技术参数见表 7-13。

表 7-13　SZ5090B 系列 ZigBee 无线采集终端技术参数

参数	技术指标
波特率	通信波特率 9600,配置波特率 38400
通信端口	ZigBee 无线转 RS-485
无线频率	2.4G ISM 全球免费频段(ZigBee)
网络类型	星型网
网络容量	65535 个网络节点
供电电源	总线供电，DC9V 1A(实际 9～24V 均可)
耗电	2W
存储温度	− 40～85℃
运行环境	− 40～+85℃
外形尺寸	96 mm×63 mm×21mm

(2) ZigBee 无线采集终端指示灯如图 7-54 所示。

图 7-54　ZigBee 无线采集终端指示灯

SZ5090B 系列 ZigBee 无线采集终端指示灯的说明如表 7-14 所示。

表 7-14　ZigBee 无线采集终端指示灯说明

序号	名称	说明
1	PWR	供电是否正常，亮表示正常，灭表示不正常
2	ATC	模块是否正常工作，闪烁表示已正常工作，灭表示未正常工作
3	NET	是否建立通信连接，亮表示已连接，灭表示未连接(需在配置时勾选 Link)

(3) ZigBee 配置。

节点地址：0000。节点名称：Z-BEE。节点类型：中心节点。网络类型：星型网。网络 ID：FF。无线频点：06。地址编码：HEX。发送模式：广播。波特率：9600。校验：None。数据位：8+0+1。数据源址：不输出。

7.3.3　ZigBee 通信系统软件配置

1. 安装 KD21B10 室内 LED 显示温湿度传感器工具软件

鼠标双击 ![icon] KD21B10室内LED显示温湿度传感器工... 进行软件安装，如图 7-55 所示。点击"下一步(N)"，进入准备安装界面，如图 7-56 所示。

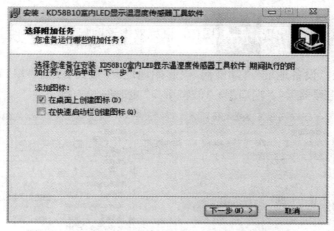

图 7-55　KD21B10 温湿度传感器工具软件安装首界面

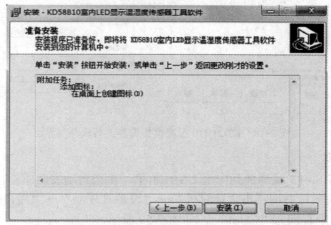

图 7-56　KD21B10 温湿度传感器工具软件准备安装界面

　　鼠标点击"安装(I)",稍后显示安装完成界面,然后点击"完成(F)"即可,如图 7-57 所示。

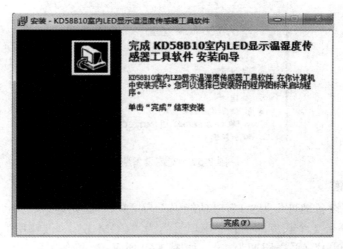

图 7-57　KD21B10 温湿度传感器工具软件安装完成界面

安装完成后桌面上出现图标。鼠标双击该图标，打开软件主界面，如图 7-58 所示，选择相应"设备地址""功能码""起始地址""数据长度""串口号"(可右击"计算机"-"设备管理器"-"端口")"波特率""定时时长"等。

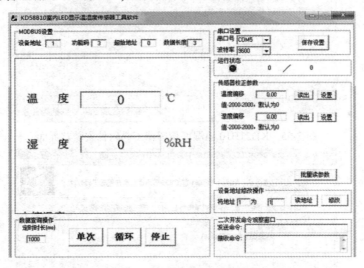

图 7-58　KD21B10 温湿度传感器工具软件主界面

2. 安装驱动

将 USB 转 RS-485 线缆插到电脑 USB 口(第一次会自动安装驱动，若未成功可进行手动安装)，然后鼠标右键点击"计算机"→"设备管理器"→"端口(COM 和 LPT)"查询所接端口，经查询为"COM 6"，如图 7-59 所示。

图 7-59　安装设备驱动

3. 参数设置

(1) 填写"设备地址"为"1"，"功能码"为"3"，"起始地址"为"0"，"数据长度"为"2"(大于等于 2 个长度即可)，"串口号"为"COM 6"，"波特率"为"9600"，"定时时长"为"1000"(采样周期为 1s)，如图 7-60 所示。

图 7-60　KD21B10 温湿度传感器工具软件首界面

(2) 鼠标点击图 7-60 中"单次"(点一次；更新一次温湿度数据)或者"循环"(以"定时时长"为采样周期)，点击"停止"数据采集停止，如图 7-61 所示。

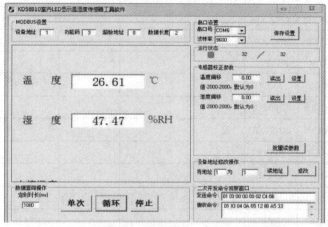

图 7-61　温湿度传感器工具软件数据采集界面

(3) 温湿度变送器通过无线传送给 ZigBee 控制器，由 ZigBee 控制器通过 USB 口转 RS-232 及 RS-232 转 RS-485 连接至上位机"KD58B10 室内 LED 显示温湿度传感器工具软件"，温湿度传感器显示为 26.6℃和 47.4%，如图 7-62 所示。

图 7-62　温湿度变送器显示值

附录 A　指令助记符

　　在程序显示/编辑模式中，通过按"&"符号和指令助记符，可以很快引入或查寻一个编程指令。对于一些指令，也可指定一参考地址或别名、一个标号和一个存储单元参考地址。

　　列出下表 PME 编程软件中的编程指令助记符，其中，全部用助记符列于表的第三栏，每一指令的最短项列于第四栏。

　　在编程中的任何时候，都可以按下 ALT 和 I 键，借助屏幕显示这些助记符。

功能分类	指令	助记符							
		全部	INT	DINT	BIT	BYTE	WORD	BCD-4	REAL
触点	任何触点	&CON	&CON						
	常开触点	&NOCON	&NOCON						
	常闭触点	&NCCON	&NCCON						
	延续触点	&CONC	&CONC						
线圈	任何线圈	&COI	&COI						
	常开线圈	&NOCOI	&NOCOI						
	求反线圈	&NCCOI	&NCCOI						
	正向过渡线圈	&PCOI	&PCOI						
	反向过渡线圈	&NCOI	&NCOI						
	置位线圈	&SL	&SL						
	复位线圈	&RL	&RL						
	保持置位线圈	&NOMC	&NOMC						
	保持置位线圈	&NCM	&NCM						
	保持线圈	&COILC	&COILC						
	求反保持线圈	&RM	&RM						
	延续线圈	&SM	&SM						
链路	水平链路	&HO	&HO						
	垂直链路	&VE	&VE						
定时器	接通延时定时器	&ON	&ON						
	逝去定时器	&TM	&TM						
	断开延时定时器	&OF	&OF						

续表一

功能分类	指令	助记符							
		全部	INT	DINT	BIT	BYTE	WORD	BCD-4	REAL
计数器	加计数器	&UP	&UP						
	减计数器	&DN	&DN						
算术运算	加	&AD	&AD-I	&AD-DI					&AD-R
	减	&SUB	&SUN-I	&SUB-DI					&SUB-R
	乘	&MUL	&MUL-I	&MUL-DI					&MUL-R
	除	&DIV	&DIV-I	&DIV-DI					&DIV-R
	模(求余)除	&MOD	&MOD-I	&MOD-DI					&MOD-R
	平方根	&SQ	&SQ-I	&SQ-DI					&SQ-R
	正弦	&SIN							
	余弦	&COS							
	正切	&TAN							
	反正弦	&ASIN							
	反余弦	&ACOS							
	反正切	&ATAN							
	Lg	&LOG							
	Ln	&LN							
	e 次方	&EXP							
	x 次方	&EXPT							
关系运算	相等	&EQ	&EQ-I	&EQ-DI					&EQ-R
	不相等	&NE	&NE-I	&NE-DI					&NE-R
	大于	&GT	&GT-I	&GT-DI					&GT-R
	大于或等于	&GE	&GE-I	&GE-DI					&GE-R
	小于	&LT	&LT-I	&LT-DI					&LT-R
	小于或等于	&LE	&LE-I	&LE-DI					&LE-R
位操作	与(AND)	&AN					&AN-W		
	或(OR)	&OR					&OR-W		
	异或(EOR)	&XO					&XO-W		
	非(NOT)	&NOT					&NOT-W		
	左移位	&SHL					&SHL-W		
	右移位	&SHR					&SHR-W		
	循环左移	&ROL					&ROL-W		

续表二

功能分类	指令	助　记　符							
		全部	INT	DINT	BIT	BYTE	WORD	BCD-4	REAL
位操作	循环右移	&ROR					&ROR-W		
	位测试	&BT					&BT-W		
	位置位	&BS					&BS-W		
	位清除	&BCL					&BCL-W		
	定位	&BP					&BP-W		
	屏蔽比较	&MCP					&MCP-W		
数据传送	传送	&MOV	&MOV-I		&MOV-BI		&MOV-W		&MOV-R
	块传递	&BLKM	&BLKM-I				&BLKM-W		&BLKM-R
	块清除	&BLKC							
	移位寄存器	&SHF			&SHF-BI		&SHF-W		
	位时序器	&BI							
	通信请求	&COMMR							
表功能	数组传送	&AR	&AR-I	&AR-DI	&AR-BY	&AR-BY	&AR-W		
	查询相等	&SRCHE	&SRCHE-I	&SRCHE-DI		&SRCHE-BY	&SRCHE-W		
	查询不相等	&SRCHN	&SRCHN-I	&SRCHN-DI		&SRCHN-BY	&SRCHN-W		
	查询大于	&SRCHGT	&SRCHGT-I	&SRCHGT-DI		&SRCHGT-BY	&SRCHGT-W		
	查询大于或等于	&SRCHGE	&SRCHGE-I	&SRCHGE-DI		&SRCHGE-BY	&SRCHGE-W		
	查询小于	&SRCHLT	&SRCHLT-I	&SRCHLT-DI		&SRCHLT-BY	&SRCHLT-W		
	查询小于或等于	&SRCHLE	&SRCHLE-I	&SRCHLE-DI		&SRCHLE-BY	&SRCHLE-W		
变换	变换为整数	&TO-INT						&TO-INT-BCD4	变换为整数
	变换为双整数	&TO-DINT							
	变换为实数	&TO-REAL		&TO-BCD4-I					&BCDA-R
	变换为字	&TO-W		&TO-REAL-I	&TO-REAL-DI				
	舍位为整数	&TRINT						&TO-REAL-W	
	舍位为双整数	&TRDINT							
控制	调用一个子程序	&CA							
	DO I/O	&DO							
	PID-ISA 算法	&PIDIS							
	PID-IND 算法	&PIDIN							
	结束	&END							
	回路解释	&COMME							
	系统服务请求	&SV							

续表三

功能分类	指令	助　记　符							
		全部	INT	DINT	BIT	BYTE	WORD	BCD-4	REAL
控制	主令控制继电器	&MCR							
	结束主令控制继电器	&ENDMCR							
	嵌套主令控制继电器	R							
	嵌套结束主令控	&MCRN							
	制继电器	&ENDMC	&JUMP						
	跳转	RN	&JUMPN						
	嵌套跳转	&JUMP	&LABEL						
	标号	&JUMPN	&LABELN						

附录 B　键 功 能

下表列出了软件环境下起作用的键盘功能，这一信息也可通过按 ALT-K 键在编程器屏幕上显示。

键序列	说明	键序列	说明
全部软件断开延时定时器件包有效的功能键			
ALT-A	中止	CTRL-Break	退出软件包
ALT-C	清字段	Esc	退出窗口
ALT-M	改变编辑器方式	CTRL-Home	前一指令行
ALT-R	改变 PLC 运行/停止状态	CTRL-End	下一指令行
ALT-E	触发状态区	CTRL	在工作区内左移光标
ALT-J	触发指令行	CTRL	在工作区内右移光标
ALT-L	列文件目录	CTRL-D	减量参考地址
ALT-P	打印屏幕	CTRL-U	增量参考地址
ALT-H	援助	Tab	改变/增加文件内容
ALT-K	键援助	Shift-Tab	改变/减少文件内容
ALT-I	指令助记符援助	Enter	接受文件内容
ALT-N	触发显示选择项	CTRL-E	显示最后的系统误差
ALT-T	起始引导模式	F12 或键-	转换离散参考地址
ALT-Q	停止引导模式	F11 或键*	超驰离散参考地址
ALT-n	返回文件 n(n=0 到 9)		
只在程序编辑中有效的键			
ALT-B	触发文件编辑器铃	键+	接受回路
ALT-D	删除回路单元(元素)	Enter	接受回路
ALT-S	向 PLC 和磁盘中存贮模块	CTRL-PgUp	前一回路
ALT-X	显示窗口大小	CTRL-PgDn	后一回路
ALT-U	刷新磁盘	~	水平分路
ALT-V	变量表窗口	|	竖直分路
ALT-F2	进入操作参数参考表	Tab	进入下一操作区
特殊键			
ALT-O	口令超控，只可用于设置软件的口令屏幕		